CANYINQIPA WEILAIZHIXING
JIAOYUBU GAOZHI ZHONGCAN ZHUTI
YANHUI BAITAI YOUXIUCHENGGUO XUANJI 2012

餐饮奇葩 未来之星

——教育部高职中餐主题宴会摆台优秀成果选集2012

全国旅游职业教育教学指导委员会 主编

U0241807

北京·旅游教育出版社

《餐饮奇葩　未来之星》
编委会

编 委 会 主 任：魏洪涛

编委会副主任：余昌国

编委会成员：狄保荣　陈增红　韩玉灵　王晓霞

执 行 主 编：狄保荣

执行副主编：陈增红

编辑组成员：周　彦　马继明　韩爱霞　赵家浩

前　言

　　全国职业院校技能大赛,是由中华人民共和国教育部发起,联合国务院有关部委、行业和地方共同举办的一项全国性职业教育学生参赛活动。自2008年以来,经过多年努力,大赛的规模与内涵不断扩大,已经发展成为全国各个省、自治区、直辖市和计划单列市积极参与,专业覆盖面最广、参赛选手最多、社会影响最大、联合主办部门最全的国家级职业院校技能赛事,成为中国职教界的年度盛会。"中餐主题宴会设计"赛项作为2012年新增赛项,是国家旅游局成为大赛主办方后,旅游类职业院校首次独立以旅游专业立项参赛的赛项,以其全新的赛项设计和丰富多彩的活动展示为年度盛会增添了一道亮丽的风景线!

　　改革开放三十余年来,伴随着我国社会经济的快速发展和人民生活水平的不断提高,旅游业成为关乎民生、构建和谐社会的重要产业,其支柱之一——社会餐饮业呈快速发展态势。据统计,近年来我国餐饮业每年以18%左右的速度增长,是GDP增长速度的2倍;人们的餐饮消费观念正在悄然发生变化。在满足餐饮基本需求的前提下,消费者对消费环境、餐饮设施、服务质量、文化氛围等诸多因素的期待明显提高。实现餐饮消费中物质与精神层面的和谐统一与个性体验的悦目赏心成为餐饮业发展的新趋势;"吃出文化,吃出高雅"、追求精神愉悦和满足舌尖上的体验成为餐饮消费市场的新走向;而能将餐饮与文化有机结合的人才,成为餐饮消费市场对人才要求的新需求。

　　为适应时代的变化和旅游业发展的需要,"中餐主题宴会设计"赛项,进行了台面主题创意、菜单设计、餐巾折花、中餐宴会摆台、斟酒、英语口语、专业理论以及选手仪容仪表和服装造型等方面的全方位竞技的设计。全国28个省(市、自治区)派出的29支代表队,共计87名选手参加了比赛。历时三天的竞赛,集美丽、创意、技能于一体,参赛选手们奉献的各具特色、独具匠心的主题创意作品令人称道!以餐桌为载体,充分融合不同地域、不同历史时期的文化元素,综合考虑了宴会主题、餐具设计、环境构造、气氛渲染、整体风格等诸多方面,讲求创新,追求变化,主题多元,个性突出,大大丰富了餐台上的文化内涵。一张张餐台上的作品,凝聚了智慧之美、文化之美,如满园春芳,令人目不暇接,充分展示了各自院校的办学水平和教学成果。本书就是在惊喜之余,选择了其中部分作品,让更多的读者体味如何让美思蔓上餐台的一次美丽之"秀"。

举办专业技能竞赛,促进相互交流,以赛促教,是培养高技能专业技术人才的重要途径。在教学过程中引入大赛机制,不仅考验选手的技能高低,也有助于职业院校不断完善教学理念、更新教学内容和方式。对业界而言,一场高标准的宴会,在一定程度上代表了一个酒店餐饮经营、管理、服务和烹饪技术的最高水平。因此,总结并转化大赛成果,利用校企合作的桥梁,帮助酒店业提升中餐宴会的设计管理水平、接待服务水平,提高整个酒店业的经济效益和社会效益,不仅实现了以赛促教的办赛目的,也体现了以教助产的理论联系实际的办学方向。为此,全国旅游职业教育教学指导委员会牵头,联合旅游教育出版社,委托山东旅游职业学院编辑了本书。我们向山东旅游职业学院狄保荣书记带领的编写团队致谢,感谢他们为本书顺利面世做出的努力和贡献。

期待着本书在为大家带来美的感受的同时,能为高职院校酒店专业的餐饮教学带来启迪和思考,为行业培训提供参考。

由于本书编者经验不足,仓促之间,难免有所疏漏,敬请读者提出宝贵意见。

目　　录

第一部分
中餐主题宴会设计概说

宴会是因习俗或社交需要而举行的宴饮聚会。《说文》曰："宴,安也。"从字义上看,"宴"的本义是"安逸"、"安闲";引申为宴乐、宴享、宴会。"会"是许多人集合在一起的意思。久而久之,便衍化成了"众人参加的宴饮活动"。宴会有不同的名称:筵席、宴席、筵宴、酒宴等。人们通过宴会,不仅获得饮食艺术的享受,而且可增进人际交往。

中餐主题宴会是在传统中餐宴会的基础上,围绕某一个特定主题,营造特定的文化氛围,使消费者获得富有个性的消费感受,以此更加充分地表达主办方的意图,并使顾客获得欢乐、知识的宴会服务方式。

主题宴会设计,是根据宾客的要求确定宴会的主题,根据承办酒店的物质、技术条件等因素,对餐厅环境、餐桌台面、宴会菜单等进行规划,并拟订出具体实施方案的创作过程。宴会设计,既是标准设计,又是活动设计,它既能使各工种充分协作,又能指导每个工作细节的操作方法。

第一节 中餐主题宴会设计概述

一、中餐主题宴会的特征

中餐主题宴会最显著的基本特征有:

1. 主题的差异性

主题宴会,顾名思义就是围绕主题对宴会的各个环节进行设计。因此,会因主题间的差异,使各宴会存在较大区别。如在台面色彩上,以历史事件或是历史人物为主题的宴会,色彩要相对凝重;以自然风光为主题的宴会,色彩要清新淡雅。

2. 设计的综合性

一个主题宴会,工作涉及方方面面。如场境布局、台面安排、菜单设计、菜品制作、接待礼仪、服务规程,以及灯光、音响、卫生、保安等。因此,要求宴会设计师应当具有较高的文化素养和较全面的综合知识,运用心理学、民俗学、管理学、美学、营养学、烹饪学等多门学科的知识,对各方面的工作进行认真考虑和周密安排,并使之配合默契,达到理想的效果。

3. 实施的细致性

实施主题宴会设计方案时,须对宴会进行过程中的每个环节作细致、周密的安排。主题宴会是一个系统工程,哪怕是在某一个细小的方面出现差错,也会导致整个宴会的失败,或者留下无法弥补的遗憾。

当然,主题宴会也具备一般宴会的特征:

1. 社交性

社交性是宴会的重要特征之一。众所周知,宴会可以说是美食汇展的"橱窗",它既可以使人心情愉悦、健身强体、满足口腹之欲,也能受到精神文化的熏陶,陶冶情操,给人以精神上、艺术上的享受。但从另一个角度看,国内外的任何宴会均有它举办的目的。大到国家政府举办的国宴,小到民间举办的家宴,远到唐代举办的烧尾宴,近到一年一度举办的迎春宴,都有一定的主题。它们或纪念节日、欢庆盛典,或洽淡事务、展开公关,或接风洗尘、欢迎、酬谢,或为了增进和平与友谊,或者为了增进亲情和友情等。总之,人们聚在一起围绕宴会主题,在品佳肴、饮琼浆、促膝谈心交朋友的过程中疏通关系,增进了解,加强情谊,解决一些其他场合不容易或不便于解决的问题,从而实现社交的目的,这也正是宴席自产生以来数千年长盛不衰,普遍受到就餐者的重视,并广为利用的一个重要原因。

2. 聚餐式

聚餐式是宴会很重要的一个特征,它主要指宴会的形式。中国宴会自产生以来都是在多人围坐、亲切交谈的氛围中进行的,它一般采用合餐制,其中十人一桌的形式最为常见,也喻意十全十美,有吉祥祝福之意。餐桌大都选用大圆桌,也象征团团圆圆、和和美美。赴宴者通常由主人、副主人、主宾、副主宾及陪客组成,桌次也有首席、主桌、次桌之分。虽然席位有主次,座位有高低,但大家都在同一时间、同一地点,品尝同样的菜肴,享受同样的服务。更重要的是,大家都是为了同一目的而聚集一堂,特别是围桌宴饮时很容易沟通,缩短宾主、客人之间的距离,使其产生宾至如归之感,所以聚餐饮食是宴会的一个基本特征。

3. 规格化

规格化是宴会内容的一个重要特征。宴会之所以不同于一般的便餐、大众快餐和零点就餐,就在于它的规格化和档次。一般便餐、大众快餐等是以吃饱为主,在进餐环境、菜肴组合、服务水平及就餐礼仪上都无过多要求,但宴会则要求进餐环境幽雅,布置得当;就餐礼仪要求高;全部菜品应制作精美、营养均衡;盛器、食具等精美、华贵、典雅;上菜程序井然,显示出宴会的规格化。

4. 礼仪性

礼是指一种秩序和规范。礼不仅是一种表现形式,更是一种精神文化和内在的伦理道德。宴会的礼仪性有两层意思:其一是指饮宴礼仪,要求每位赴宴者都要遵守。所谓"设宴待佳宾,无礼不成席"就是这个意思,历代的席礼、酒礼、茶礼等均由此而来;其二是指从服务人员的角度去理解的。凡是举行宴席,主人都希望他所请的客人得到无微不至的照顾,都希望享受到与宴席菜品质量相匹配的服务。所以,为宴会服务的人员要经过严格挑选,不但要求基本操作技能过硬,还要有系统的理论知识和丰富的实践经验,使他们为客人提供的服务遵循一定的程序,讲究礼节、礼仪,准确服务好每道特殊菜肴,同时要尊重客人的习俗和饮食禁忌,满足客人就餐时追求食品卫生、安全和受到尊重等各种就餐心理,从而提高本饭店的知名度。

二、主题宴会设计的作用

1. 计划作用

宴会设计方案,即是宴会活动的计划书,它对宴会活动的内容、程序、形式等起到了计划作用。举办一场宴会,要做的事情很多,从环境的布置、餐桌的排列、灯光音响、菜品设计、酒水服务等涉及餐饮部甚至酒店其他部门和岗位,如果事前没有一个计划,有可能会因缺少协调,工作中出现漏洞,造成质量事故。

2. 指挥作用

宴会设计就像一根指挥棒,指挥着所有宴会工作人员的操作行为和服务规范。经宴会设计产生的实施方案,一旦审定通过,对于生产和服务过程而言,就是具有高度约束力的技术性文件。各相关岗位要根据宴会设计的规定和要求做好各项准备工作。原材料采购计划要保证原材料的品种、数量符合质量要求,按时购进;对于切配而言,要保证切制的要求与组合形式;对于烹调而言,要保证每道菜肴的烹调方法、味型、成菜标准、造型样式符合设计要求。

3. 保证作用

宴会设计方案,实际上是一个产品质量保证书,也是检查和衡量产品质量的标准。宴会设计实施方案和细则将每一方面的工作都落到实处,各岗位按照设计要求进行生产,提供服务,确保宴会的质量。

三、主题宴会设计的要求

1. 突出主题

根据不同宴会的目的,突出不同的宴会主题,是宴会设计的起码要求。如国宴的目的是想通过宴会达到国家间相互沟通、友好交往,因而在宴会设计上突出热烈、友好、和睦的主题气氛。又如婚宴的目的是庆贺喜结良缘,在设计时要突出吉祥、喜庆的主题意境。

2. 特色鲜明

宴会的设计贵在特色,可以通过菜品花样、酒水种类、服务程序、娱乐项目、场景布局或者台面设计表现出来。

3. 安全舒适

宴会活动中的安全舒适是所有赴宴者的需要。优美的环境、清新的空气、适宜的温度、可口的饭菜、悦耳的音乐、柔和的灯光会给赴宴者带来舒适感。同时,宴会设计时要考虑客人的人身和财产安全,避免诸如盗窃、火灾、食品安全等事故的发生。

4. 美观和谐

宴会的设计是一项创造美的活动。宴会场景、台面设计、菜品组合乃至服务人员的容貌和装束,都包含着许多美学的内容。宴会设计就是将这些审美元素进行有机地组合,协调一致,达到美观和谐的要求。

5. 科学核算

宴会设计从其目的来看,可分为效果设计和成本设计。上述四点要求,都是围绕宴会效果设计的。酒店宴会,最终目的还是为了赢利。因此,在进行宴会设计时还要考虑成本因素,对宴会诸环节、各个消耗成本的因素要进行科学、认真的核算,确保宴会的正常赢利。

四、主题宴会的发展趋势

中国宴会以餐桌为载体,充分融合不同历史时期的文明元素,得以长足发展。下一阶段,中国宴会将从宴会布置、餐具设计、环境气氛等方面讲求创新,追求变化,不断丰富其文化内涵,未来的宴会将呈现以下发展趋势:

1. 追求绿色环保

传统的中国宴会重"宴"而轻"会",强调菜肴珍贵丰盛,量多有余,而且以菜肴酒水的贵贱和多少来衡量办宴者情理之深浅,办宴者和赴宴者都要保持食而有余,结果导致浪费惊人。现代宴会的菜点设计要力戒追求排场,力求讲究实惠,本着去繁就简、节约时间、量少精作等几条原则来设计制作宴会菜点。量力而行的宴会新风会被更多的社会各界人士所接受,也符合我国政府倡导的发展低碳经济的科学理念。

2. 强调特色

特色化趋势,是指宴会具有地方风情和民族特色,能反映酒店、地区、城市、国家、民族所具有的地域文化、民族特色,使宴会呈现精彩纷呈、百花齐放的局面。不少中高档饭店的宴会菜单,既安排有乡土菜,又穿插有西式菜肴或东南亚风味菜肴;既有传统菜,又有改良菜。不同风格的菜肴组合成一桌宴席,品尝时就好像欣赏一幅巧妙构思、风格迥异的组合图画。这些菜肴风韵独特,满足了顾客求新、求异的消费心理,达到了出奇制胜的效果。顾客的需要,就是宴会的经营方向。过去传统形式的风味宴,现已普遍形成"东西南北大融会,锅碗瓢盆交响曲"的"百味宴"。宴会菜肴的口味鲜美、常变常新,已成为经营者和消费者共同关注的焦点。

3. 贴近自然

在经济日趋发达的现代社会里,宴会的形式越来越多,正确、合理地选用宴会方式,有利于人们之间思想、感情、信息的交流和公共关系的改进发展,宴会方式的多样化是大势所趋。所谓多样化,即宴会的形式因客人的不同需求、因时间、地点的不同而灵活应变。宴会的地点、场所会进一步向大自然靠拢,举办的场所可能会选择在室外的湖边、草地上、树林里,即使在室内,也要求布置更多的绿叶、花卉来体现自然环境,让人们感受大自然的温馨,满足人们对自然的渴望。

4. 注重环境

随着人们价值观的改变和消费能力的提高,他们不仅对宴会食品的要求高,对就餐环境的要求也越来越高。饭店能否吸引客人,给他们留下美好的印象,与就餐的环境和气氛有密切联系。因此,举办宴会时,要精心设计宴会的环境,在宴会厅的选用、场面气氛的控制、服务节奏的掌握、空间布局的安排、餐桌的摆放、台面的布置、花台的设计、环境的装点、服务员的服饰、餐具的配套、菜肴的搭配等,都要紧紧围绕宴会主题来进行,力求调动一切积极因素,创造理想的宴会艺术境界,保持宴会祥和、欢快、轻松、浪漫的旋律,给宾客以美的艺术享受。

5. 注重营养

步入市场经济以来,宴会作为饮食文明的重要举措,合理配膳越来越受到人们的关注。在此背景下,现行宴会的饮食结构已发生很大的变化:变重荤轻素为荤素并举;变重菜肴轻主食为主副食并重;变猎奇求珍为欣赏烹饪技艺与品尝风味并行。人们喜欢食用既有味觉吸引力,又富有营养、低胆固醇、低脂肪、低盐的食物。仅从色、香、味、形的角度考虑宴会食物的搭配已不能满足市场的需求,宴会食物结构必然朝着营养化的趋势发展,绿色食品、保健食品将会越来越多地出现在宴会餐桌上,膳食的营养价值将成为衡量宴会食品质量的一条重要标准。

第二节 中餐主题宴会的设计要素及程序

一、宴会设计的内容

1. 场境设计

宴会环境,包括大环境和小环境两种。大环境,即宴会所处的特殊自然环境,如海边、山巅、船上、临街、草原蒙古包、高层旋转餐厅等。小环境,是指宴会举办场地在酒店中的位置,宴席周围的布局、装饰,桌子的摆放等。宴会场境设计对宴会主题的渲染和衬托具有十分重要的作用。

2. 台面设计

台面设计,要烘托宴会气氛、突出宴会主题、提高宴会档次、体现宴会水平。根据客人进餐的目的和主题要求,将各种餐具和桌面装饰物进行组合造型的创作,包括台面物品的组成和装饰造型、台面设计的意境等。

3. 菜单设计

科学、合理地设计宴会菜肴及其组合是宴会设计的核心。要以人均消费标准为前提,以顾客的需要为中心,以本单位物资和技术条件为基础设计菜谱。其内容包括:各类食品的构成、营养设计、味型设计、色泽设计、质地设计、原料设计、烹调方法设计、数量设计及风味设计等。

4. 酒水设计

"无酒不成席"。"以酒佐食"和"以食助饮"是一门高雅的饮食艺术。酒水如何与宴会的档次相一致,与宴会的主题相吻合,与菜点相得益彰,这都是宴会酒水设计所涉及的内容。

5. 服务及程序设计

对整个宴饮活动的程序安排、服务方式规范等进行设计,其内容包括:接待程序与服务程序、行为举止与礼仪规范、席间乐曲与娱乐助兴等。

6. 安全设计

对宴会进行中可能出现的各种不安全因素的预防和设计。其内容包括:顾客人身与财物安全、食品原料安全和服务过程安全设计等。

二、宴会设计的操作程序

1. 获取信息

宴会设计需要获取大量的信息。获取信息的途径和方法有很多,有顾客提供的,有主动收集的。各种信息都要准确、真实,不可模糊。主要包括以下五个方面的内容:

(1)宴会主办单位或个人的要求。在设计过程中主动与主办单位交换意见,了解具体要求,商量和修改设计方案。

(2)宴会标准及规模。即宴会人均消费或每桌筵席的标准。这是宴会成本设计的前提和基础,也是决定宴会设计档次和水平的重要因素。宴会规模的大小决定了在场地安排、菜点制定、服务方式、整体布局等方面的差异。

(3)进餐(赴宴)对象。要充分了解主人的设宴意图,来宾的兴趣爱好,其他人员的相关情况,然后才能进行针对性设计,尽可能满足绝大多数人的宴饮要求。

(4)开宴时间。落实开宴的具体时间、持续时间。

(5)酒店条件。这是宴会设计的限制性因素,包括人的因素(人数是否够用、业务技术情况等)、物的因素(餐厅面积、布局情况、各种用品等)。

2. 分析研究

(1)要全面、认真地分析研究信息资料,构思如何在宴会实施过程中突出宴会的主题,满足顾客的要求。

(2)设计方案要切合实际,符合已经掌握的信息要求。

(3)设计要有创意。既要实事求是,联系实际,又要解放思想,大胆突破陈旧模式,在宴会形式和内容上有所创新。

3. 制定草案

草案由一人负责起草,综合多方面的意见和建议,形成一套详细、具体的设计方案,交由主管领导或主办单位负责人审定;或制订出2～3套可行性方案由相关人员选定。草案可以是口头的,也可以是书面的,视宴会等级、规模、影响等因素而定。

4.讨论修改

要征求主办单位负责人或具体办事人员的意见对草案进行修改,尽量满足主办单位提出的合理要求。

5.下达执行

宴会设计方案完成并通过后,就应严格执行。方案下达形式可以是召集各部门负责人开会,或将设计方案打印若干份,以书面形式向有关部门和个人下发。详细介绍设计方案,具体交待任务,敦促落实执行。

三、宴会设计人员应具备的知识

1.餐饮服务知识

宴会设计师应有丰富的餐饮服务经验,通晓餐饮服务业务,才能掌握规律,切合实际,便于服务人员操作。

2.饮食烹饪知识

一套筵席菜单中各类菜品不下20种,菜品又是从成百上千道菜品中精心选配而成。因此,宴会设计师要掌握大量的菜肴知识,其中包括每道菜的用料、烹调方法、味型特点等,并要熟知不同菜点组合、搭配的效果。

3.成本核算知识

宴会是一种特殊的商品,必须先和客人谈定宴会价格标准(包括宴会质量要求),然后根据价格提供产品。因此,宴会设计师应掌握成本核算知识,对宴会所付出的直接成本和间接成本作出科学、准确的核算,以确保酒店正常赢利。

4.营养卫生知识

宴会菜肴应讲究营养成分的科学组合。宴会设计师须了解各种食物原料的营养成分状况、烹调对营养素的影响、各营养素的生理作用,以及宴会菜肴各营养素的合理搭配和科学组合等。

5.心理学知识

顾客由于其年龄、性别、职业、信仰、民族、地位等各不相同,文化修养、审美水平各异,对宴会的消费心理也各异。了解、摸清不同顾客的心理追求,具有相当大的难度。正因如此,须掌握一定的心理学知识,摸准顾客的消费心理,投其所好,尽量满足顾客的心理需求。

6.美学知识

宴会设计要考虑时间与节奏、空间与布局、礼仪与风度、食品与器具等内容,无不需要美学原理作指导。每一场宴会设计,实际上都是一次生活美的创造。宴会设计师对宴饮活动中所涉及的各门类美学因素进行巧妙地设计与融合,形成一个综合的、具有饮食文化特色且充满美学意蕴的审美活动。

7.文学知识

食者未尝其味而先闻其声,一个好的菜名,可以起到先声夺人的效果。给菜肴命名需要有一定的文学修养。除了菜肴命名外,民间许多菜肴的传说也饱含浓厚的文学色彩,如在宴席上通过服务员巧妙的解说,也会起到烘托宴会气氛的作用。

8.民俗学知识

"十里不同风,百里不同俗",宴会设计要充分展示本地的民风民俗,同时也要照顾与宴者的生活习俗和禁忌,切不可冲犯。

9.历史学知识

探讨饮食文化的演变和发展,挖掘和整理具有浓郁地方历史文化特色的仿古宴,如研制"仿唐宴",须对唐代历史、社会生活史有一定的了解,并结合出土文物和民间风俗传承,才能设计出一套风格古朴、品位高雅的宴席来。

10.管理学知识

宴会方案的设计与实施都是一个管理问题,它包括人员管理(人员合理安排、定岗、定责等)、物资管理(宴会物资的采购、领用、消耗等)、现场指挥管理等。宴会设计师须了解管理学的一般原理、餐饮运行的一般规律,以及宴会的服务规程。

第三节　宴会主题的来源及类型划分

作为餐饮业的流行趋势,主题宴会已经越来越受到宴会主办方和承办方的青睐。各种精心别致、独具匠心的宴会主题设计不仅凸显了承办方的设计和运作能力,也给主办方带来了耳目一新、贴心舒适的宴会享受。因此,宴会主题的创意和设计在宴会活动中占有越来越重要的地位。

宴会的主题多种多样,没有一成不变的程式。要将宴会活动设计得别出心裁,需要在满足宾客基本需要的情况下对主题进行深入地挖掘。

不同的划分方法可以将宴会主题划分为不同的类型。其中,设计来源是决定主题的重要因素,从目前的发展态势看,主题来源一般可以划分为八大类,包含23种不同的主题类型。

一、地域民族特色类主题

地域民族特色类主题,其来源包括独特地域的风土人情、地方文化、地区事物及少数民族风情等,如运河宴、长江宴、长白宴、岭南宴、巴蜀宴、壮乡宴等。它又包含以下几种不同的主题类型:

(1)以地域民风民俗及地方文化为主题。

(2)以地域代表性自然景观为主题。

(3)以地域文化及其景观为主题。

(4)以特定民族风情为主题。

这类主题特色鲜明,文化挖掘难度较小,能够比较容易抓住设计的灵魂,较好地凸显设计方的想法。但是正因为地域文化的广泛覆盖性,其与餐饮文化的契合点也存在多样性。因此,以地域特色为主题进行宴会设计时,需要进行细致的考究,使地域特色与餐饮文化形成完美到位的契合。

二、历史材料类主题

我国拥有五千年的文明史,历史文化资源极其丰富,这为我们进行主题宴会设计提供了大量且优质的史料素材,这类主题既可以突出特色,又可以彰显我国优秀的历史文化。此类主题的选取点可以是古今文化景观、著名历史与现代人物、典型文化历史故事、经典文学著作、宫廷礼制。如乾隆宴、孔子宴、三国宴、水浒宴、宫廷宴等。

这类主题所包含的类型较多,大体可以划分成下列几类:

(1)以古今著名文化及其景观为主题。

(2)以著名历史人物为主题。

(3)以经典文学著作与历史故事为主题。

(4)以宫廷礼制为主题。

对史料类主题的巧妙设计可以给人们带来不同寻常的文化享受,能够凸显设计者独特的审美视角和文化功底。但是,这类主题的选取点要合理、科学,并不是所有古代的东西均适合作为宴会的主题,需要进行仔细地甄选和鉴别。体现主题的要素要具有典型性,切忌简单地生搬硬套,导致所设计出来的主题沦为一堆模型的堆砌,而无任何新意可言。

三、人文情感与审美意境类

此类主题是借助餐饮形式来表达人的情感意志,它关注的是人际间的情感表达和人的审美情趣,寓情于景,既给人以视觉上的美的享受,又能引起观者的情感共鸣。其主题设计的选取点有某种审美意象所寄托的事物、人的审美情趣、特殊的人际关系等。

可以细分为以下几种主题类型:

(1)以对具体事物的赞美为主题。

(2)以某种抽象的审美情趣为主题。

(3)以表达人际间的某种情感为主题。

四、食品原料类主题

食品原料的来源极其广泛,对食品原料进行深入挖掘,将其特色进行多样化的呈现,可以给人以耳目一新的感受。如野菜宴、镇江江鲜宴、安吉百笋宴、云南百虫宴、西安饺子宴、海南椰子宴、东莞荔枝宴、漳州柚子宴等。

此类主题可以细分成以下几种主题类型：

(1)以季节性食品原料为主题。

(2)以地域特色性食品为主题。

食品原料类主题的宴会,其选取的食品原料要具有地方或季节特色,食品原料的利用价值能够支撑起一桌主题宴会的分量,且要具有一定的文化内涵。如若只是一味盲目跟风,对食品原料的特性和烹制方法研究得不够深入,文化渊源挖掘不彻底,就会导致所设计出来的主题宴空洞无物,单调乏味,缺乏支撑性。

五、营养养生类主题

这是近年来刚刚兴起,却越来越受关注的一种主题宴会形式。其主题源于不同的养生方法或养生文化与饮食业的融合,如健康美食宴、中华药膳宴、长寿宴等。

此类主题大致可细分成以下几种类型：

(1)以某些养生食品为主题。

(2)以特定养生理念为主题。

养生主题的宴会能够吸引消费者的眼球,给设计者带来可观的经济收益。但是,在设计过程中对主题的挖掘要建立在科学性的基础上,对于养生的方法和食材要有比较权威和科学的把握。除此之外,宴席的布置要与养生的主题相协调,无论是所用器具的质地、造型与色彩都要与养生的主题相呼应。

六、节庆及祝愿类主题

此类主题来源广泛,特点鲜明,其选取点可以是中西节庆活动,也可以是某种大型的庆典活动,以及对于生活的美好祝愿等。如春节、元宵节、情人节、母亲节、中秋节、圣诞节,以及饭店挂牌、周年店庆等。

此类主题可以细分为以下几种类型：

(1)以中西节日为主题。

(2)以大型庆典活动为主题。

(3)以生活的美好祝愿或期望为主题。

(4)以对人的祝福为主题。

(5)婚宴类主题。

这类主题的宴会使用较为广范,且具有一定的周期性,可重复利用,其运作过程较易控制。但是,设计过程中要认真细致,注意各种节庆和庆典活动中特定的标志物、公认的礼仪规制以及操作程序,切忌因为对节日庆典活动的特色和规格认识不足而造成贻笑大方的后果。当然,在把握好主方向的前提下,独特的切入点和创造性的设计是使这类主题大放异彩所不可或缺的重要因素。

七、休闲娱乐类主题

这类主题源于人们所热衷的某种休闲运动或娱乐活动,是生活方式与美食的完美结合,非常迎合现代人的生活要求。如歌舞晚宴、时装晚宴、魔术晚宴、影视美食、运动美食等。

这类主题可以划分为以下几种类型:

(1)以某种娱乐节目为主题。

(2)以某些特色运动项目为主题。

(3)以某种时尚生活方式为主题。

这类主题是为迎合现代人的喜好而诞生,较易受到人们的喜爱。但是,在挖掘的过程中要注意所选取的事物与餐饮的契合,过渡要自然,切忌生搬硬拽。

八、公务商务类主题

这类主题源于社会生活中所发生的公务性重大事件,设计者通过对这种主题的设计或者希望表达对事件的关注,或者希望达到事件营销的目的。如奥运宴、答谢宴、迎宾宴等。

此类主题可以细分成以下几种类型:

(1)以某种重大事件为主题。

(2)以商务宴请为主题。

除上述八种以外,主题的来源还可以是多方面的。多彩的社会生活为我们进行主题创意提供了丰富的设计源泉,随着主题宴会的进一步发展,主题设计的来源必将得到进一步的丰富。

2

第二部分

宴会主题典型
案例分析

第一节 地域民族特色类主题宴会设计典型案例分析

一、以地域民风民俗为主题

这类主题既能凸显地域特色，又能巧妙地找到依托创新性载体的主题。因此，是能打动人心的，也能迎合现代人的文化创新理念。比如《齐鲁情未了》这个台面，题目取自唐代诗人杜甫登泰山所作《望岳》，通过餐台主题创意、台面布草及菜单设计等方面展现齐鲁文化博大精深，用巍峨泰山、周村蜡染、曹州面塑、淄博青花骨质瓷、聊斋先生、齐国蹴鞠、好客山东的吉祥物福福乐乐及藏青色与白色色调，来共同展现好客山东、活力山东、魅力山东和文化山东的风采，散发了"齐鲁情未了"的悠长神韵。

（一）好客山东，多彩泉城

主题名称：好客山东，多彩泉城

奖次：二等奖

选手姓名：冯方圆

参赛单位：山东商业职业技术学院

【主题创意说明】

该作品的主题创意围绕济南市花(荷花)和泉城新八景为创作主元素展开,创意新颖独特,在山东省倾力打造"好客山东"旅游品牌形象的大背景下,将泉城济南的美食美景呈现在客人面前。餐台体现出济南多姿多彩的美丽形象,既具有时代感,又符合当下需求。

【设计元素解析】

餐台以红绿两色为主色调,色彩整体协调。从餐椅到台面,由口布到中心艺术品,表现出荷花、湖、泉等主题元素,营造出"四面荷花三面柳,一城山色半城湖"的泉城形象。

台面中心艺术品为可食用的果酱手绘的工艺盘,高度为30公分左右,既新颖美观,又突出主题,还不影响客人就餐中的交流。主题创意的灵感源于美景美食的融合,可以为今后餐台创意的设计提供借鉴。

选用的布草为常用的含棉的化纤材料,具有耐磨性和耐洗性,符合酒店经营的实际情况,方便使用和清洗。白色椅套优雅、纯净,椅背上装点的绿纱犹如一抹清泉映入眼帘,使人赏心悦目。绿色装饰布犹如一泓碧水,绿荷和莲蓬图案在布面上彼此浮现,让宾客产生泛舟明湖,采荷摘藕的美好意境;白色的桌布凸显餐台整体的优雅,红色的口布折出荷花形状点缀在台面上,与装饰布及椅套浑然一体,传递出"荷叶荷花何处好,大明湖上新秋美"的泉城美景。

菜单仍选用红、绿两种颜色,背景图案选取突出主题的绿荷红花和泉城美景,选用的字体和字号同整个菜单比较恰当,起到画龙点睛的作用。

【完善主题设计意见】

主题的表现还略显简单。

(二)楚凤腾飞

主题名称：楚凤腾飞

奖次：三等奖

选手姓名：龙鸿雁

参赛单位：武汉商业服务学院

【主题创意说明】

这是一款彰显荆楚文化底蕴与时代精神的设计作品，作品既表现出浓郁的荆楚风韵，又展示出湖北中部崛起、楚凤腾飞的时代精神。湖北是楚文化的发祥地，楚人自古视凤凰为吉祥之鸟，此作品借用昂首、展翅、腾飞的凤凰，代表荆楚文化精髓与今日湖北"敢为人先，追求卓越"的精神。

"天上九头鸟，地下湖北佬"，此鸟即为"楚凤"也。湖北是楚文化的发祥地，楚人勤劳、勇敢，崇尚凤凰。楚凤也是楚文化的精髓所在，在湖北的大街小巷，到处可见以楚凤为题材的工艺作品。当下湖北快速发展，中部正在崛起，犹如一头展翅高飞的凤凰，一鸣惊人、一飞冲天。设计者选用"楚凤腾飞"为此次中餐宴会台面设计的主题，既希望向全国人民展示荆楚深厚的文化底蕴，也希望传达湖北人民奋力拼搏，自强不息，积极进取的精神。

【设计元素解析】

精心设计并制作了楚凤腾飞的主题摆饰物，中央为一尊精美绝伦的"楚凤腾飞"木雕，造型典雅大气、古朴华贵。"楚凤"的四周铺满鲜花，昭示对客人的美好愿望。整个中心装饰物紧扣设计主题——楚凤腾飞，给客人提供了"吉祥富贵、催人奋进"的文化大餐。

布草的选择独具匠心，色调、质地与主题相得益彰。整体采用与主色调——黄色同色系的颜色，桌裙选用华贵的褐色，桌布选用华丽的黄色，两者都为光滑的绸缎，显得典雅大气、古朴华贵。

骨碟、口汤碟、味碟、汤勺、筷架选用古朴华贵的瓷器，边缘均为古朴的黄色纹路，中间是白色，造型独特，器物精美，尺寸适宜，整体协调。长柄勺为金色，与筷子的金头遥相呼应。

餐巾选用黄色，亚麻质地，圈成书卷形状，用口布固定，放在骨碟中央，给人简洁与传统之感。主位折花为楚凤，高大、挺拔，与展翅高飞的楚凤相呼应，更加凸显出宴会主题。为了突出源远流长的楚文化，选用典雅、古朴的竹简制作成菜单，给整个台面以浓厚的文化氛围。

【完善主题设计意见】

台面主题能凸显地方文化，但中心装饰物的尺寸相对较小，制作过于简单。

（三）齐鲁情未了

主题名称：齐鲁情未了

奖次：一等奖

选手姓名：邹辰

参赛单位：淄博职业学院

【主题创意说明】

该餐台的主题为"齐鲁情未了"，其取自唐代诗人杜甫登泰山所作《望岳》，通过餐台的主题创意、台面布草及菜单设计等方面展现齐鲁文化博大精深，用巍峨泰山、周村蜡染、曹州面塑、淄博青花骨质瓷、聊斋先生、齐国蹴鞠、好客山东的吉祥物福福乐乐及藏青色与白色色调，来共同展现好客山东、活力山东、魅力山东和文化山东的风采，展现"齐鲁情未了"的幽长神韵。

【设计元素解析】

餐台正中央装饰物取名"齐鲁情未了"。她以泰山为依托，由面塑、蹴鞠等齐鲁元素共同组成。泰山是民族的根，更代表山东悠久的历史文化和优美的自然风光；全国第一的山东曹州面塑，一种集观赏、把玩于一体的民间工艺品；福福乐乐这好客山东的吉祥物，其亲切友好、憨态可掬的表情，体现出山东的热情好客与青春活力；蹴鞠，人类最早的足球，体现出竞技与活力；餐台上的青花瓷、蜡染布、泰山、蒲松龄、面塑、蹴鞠都是代表山东独特魅力的物象。

台布的颜色取蓝和白，纯白的台布、纯白的椅套，藏蓝的台裙，在台布边缘和椅套上修饰以别具山东民俗的蓝底蜡染布，给人以清新淡雅之感，同时还象征着齐鲁大地的广衮与辽阔,低调地渗透自信与尊贵,让身处繁华都市、应对各种竞争压力的宾客释一身疲惫,感受清新与愉悦。

餐具用山东淄博的青花骨质瓷,质薄量轻、通透皓明、细白如玉,高贵中蕴含雅致。

菜单外形采用古朴、典雅的牛油纸,以青花瓷为背景,罩在烛台外围,如一盏古色古香的油灯,使晚宴透出些许高雅与宁静,也使人精神上得到放松。

【完善主题设计意见】

台面中心装饰物各元素的选择能与主题呼应,但其设计稍显杂乱。

(四)印象柳州

主题名称：印象柳州

奖次：三等奖

选手姓名：杨枫婷

参赛单位：柳州职业技术学院

【主题创意说明】

2011 年，柳州市荣获"2011 中国十大美丽城市"的称号，借此契机，对"印象柳州宴"的创新设计，对酒店进行市场开发，提升酒店品牌，具有重要意义。

宴席的设计者对柳州的历史和今朝进行了认真地分析，并将宴会定位为："绚烂民族风情，水墨画意之都。选择了"侗族秘绣"、"三江四合、抱城如壶"的清秀山水和"国画奇石"为突破点，让宾客感受丽质天然、柔情似水的柳州魅力。通过对细节的渲染和推敲，使柳州印象变得更加立体和丰满。

【设计元素解析】

在色彩上，本宴席以绿色为主题基调，桌上渲染宴会中的原生态特色，以白色、花色和红色加以点缀，色彩形成鲜明对比，清新自然而不失隆重。

桌上的装饰物采用插花手法制作而成。两座相向的小山，中间由湛蓝清水相隔，展现柳州喀斯特地貌的地形和抱水之城的特点，配上迎客的劲松和粉红色的康乃馨，两座山便有了生机，活灵活现。在山清水秀的景致掩映下，水中游鱼自在畅游，辅以朦胧轻雾，似水墨国画，灵动飘逸。

主题牌所选用的柳州国画石彰显出柳州的奇石文化，石种为奥陶纪的碳酸岩，图案景观绮丽、清雅脱俗却又抽象写意。

绿色的台布和椅套，浑然一体，典雅大方，配上边缘的碎花苗绣，更显别致，同时也彰显出浓郁的地方特色。

餐巾以白色为主，同时边缘采用与桌布相同的绣纹，高雅、别致。并通过不同的折花造型来展现主人的热情好客。

筷套采用带有地方特色的花纹为图案，并配上中国结，增强了整个台面的色彩感。

原木色的餐具彰显出宴会原生态和绿色环保的理念，色彩上通过筷套颜色的过渡，与台布的绿色自然衔接。

菜单选用淡绿色的扇形。为迎合目标顾客群体的口味，菜品选用粤菜菜系，并配以柳州地方特色食材，以达到品质与特色兼顾的目的。

【完善主题设计意见】

设计中统一的底色搭配苗女秘绣，清新独特。原木餐具的选择也是亮点之一，绿色环保的主题设计理念通过餐具的使用一目了然，但主题装饰物在表现力上还有待进一步加强。

(五)沂蒙风情宴

主题名称:沂蒙风情宴

奖次:二等奖

选手姓名:夏洁

参赛单位:山东商业职业技术学院

【主题创意说明】

在沂蒙这片红色的土地上,无数可歌可泣的英雄儿女用热血为中华民族留下了宝贵的精神财富,至今仍激励着广大沂蒙人民在新的领域昂首阔步前进。该主题创意的灵感便来源于此,主要反映新时代沂蒙人民在沂蒙精神鼓舞下,安居乐业,其乐融融的新生活。以淳朴、绿色、健康为显著特征的农家宴是本次宴席的基调。

【设计元素解析】

中心装饰物为宾客呈现出一个活灵活现的农家小院的形象。在用蓝花布和木栅栏围成的底座上面,通过挂满果实的茅草屋、装满粮食的小推车、形态各异的家畜和辛勤劳作的祖孙二人为我们呈现出一个普通沂蒙人家的生活场景。各种小物件的制作都特别精致,组合在一起,为我们生动地再现了沂蒙山区老乡辛勤劳作、人民其乐融融的温馨生活画面。

装饰布和餐巾选用的是蜡染的布料,以彰显原生态的农家主题。蓝色碎花独具乡土气息,能够体现沂蒙人民淳朴、勤劳、善良的本性;白色台布、蜡染口布与装饰布相呼应,让都市中忙碌的人们享受到了难得的山野休闲情趣。

餐具选取硬度高、色泽好的强化镁质瓷,方底圆盘,并配以蓝色印花图案,搭配自然清新,与主题相呼应。

菜单的主色调为米黄色,选取展现沂蒙当地风情的三幅图画为水印底图,并用传统的木格撑起的灯笼造型来呈现,旨在强化地方特色,也为宾客呈现出丝丝暖意。

菜品选用沂蒙本地的特色食材为原料,通过不同的搭配做到营养、健康。

【完善主题设计意见】

主题的呈现手段细腻、别致,为宾客营造出了高规格的农家宴体验,尤其是主题装饰物的小品式设计,独具特色,在蓝色印花布的衬托下,韵味十足。

（六）京都韵味

主题名称:京都韵味

选手姓名:牛德航

参赛单位:北京财贸职业学院

【主题创意说明】

古老的历史记忆与鲜活的时尚元素并存,皇城根的老墙与中央商务区(CBD)的摩天大楼和谐共处。北京,这座古老而又现代的城市,充满引人驻足的无穷魅力。

设计者正是被北京独特的美所折服,并对北京这座城市充满了热爱,而选用"京都韵味"为主题进行宴会设计的。

【设计元素解析】

台面中心装饰物选用的是北京天坛,蓝顶的天坛居于中央,俯瞰着四面八方的四合院民宅。繁华簇拥中的天坛象征当年国家的繁荣富强。四合院间鸣叫的知了、绿荫成排的柳树、安静的庭院、幽深的胡同,营造出古色幽深的北京印象。

餐具选用带有北京四合院图案的青花瓷盘,将青花瓷的清新淡雅和中国古老的建筑文化与中餐文化相结合,突出中国餐饮文化的博大精深。"四合"是让房子从四面八方"合拢"过来,表现一种"和"的境界。

为烘托主色调,采用布草点缀与主色调相协调的蓝色。特别是布草上的蓝色点缀,提亮了整个台面。

菜单的设计美观精致。采用带有青花图案的背景,以书本形式进行呈现,体现出博大精深的中餐文化。菜品的设计采用素食主义的构思进行编排,以展现设计者对绿色环保健康生活方式的倡导。

(七)河北特色宴

主题名称:河北特色宴

选手姓名:李天伟

参赛单位:廊坊燕京职业技术学院

【主题创意说明】

河北省部分地区古属冀州,故简称冀。河北地处华北、渤海之滨,首都北京周围,近郊天津。早在商代时期,邢台曾为都城,西周时为燕国、邢国之地,春秋战国时为燕、赵之地,汉、晋时置冀、幽二州,唐属河北道,元属中书省,明属京师,清为直隶,1928 年始称河北省。2010 年,全省生产总值达 20 197.09 亿元,同比增长 12%以上,超过计划目标 3 个百分点,居全国第六位。河北省是全国唯一兼有高原、山地、丘陵、平原、湖泊和海滨的省份,也是旅游资源大省。该作品,便以此为背景进行设计。

【设计元素解析】

桌裙选用红色,象征着河北朝气蓬勃,台布选用黄色,黄色乃帝王御用,象征着燕赵风采,历史从这里走过。圆台中间摆放太阳花,代表日出东方,强国崛起,突出燕赵风采,4 朵黄色太阳花,9 朵红色太阳花,代表 1949 年新中国从这里走来。乳白色的餐具、透明的玻璃器皿,代表河北人民的淳朴与落落大方的风情。餐具与玻璃器皿色调匹配,象征河北人民的和谐生活。餐巾折花主要有"峡谷、飞翔、旗帜、将军袍、风车、鱼"六种。主人位摆放的是"峡谷",代表河北人民的品质如太行山般坚硬朴实,副主人位摆放的是"飞翔",代表河北的经济蒸蒸日上、蓬勃发展。第一主宾和第二主宾位摆放的是"鱼",代表秦皇岛、白洋淀等水系渔业发展;第三主宾和第四主宾位摆放的是"旗帜",象征西柏坡革命基地的红色精神,陪同位摆放的是"将军袍",象征燕赵风采、满清风情、新中国从这里走来。翻译位摆放的是"风车",代表北部平原风力发电,河北对新能源的使用。

【完善主题设计意见】

台面中心装饰物的设计稍显简单,不能准确表达主题。

(八)印象长安

主题名称:印象长安

奖次:二等奖

选手姓名:严富丽

参赛单位:陕西青年职业学院

【主题创意说明】

昔日周秦汉唐的雄风犹在,今朝和谐社会的新景迭出。要想"一日看尽长安花"已不现实。正是基于展现西安文化特色的目的,设计者设计了这桌"印象长安"宴。该宴会以与长安相关的主要元素群为出发点,以宴会陈设与菜品设计为展示点,以展示长安的名胜、风俗、地理、文化等为落脚点,以使宾客了解西安为目的,力图实现"景中有宴,宴中有景"的效果。设计者紧扣长安特色,利用多种元素和手段,用宴会的形式带客人游西安。

【设计元素解析】

主题装饰物采用的是秦岭的山水微缩景观。设计者试图在有限的空间内尽最大可能地展现西安的代表事物。巍峨的秦岭、清澈的流水、旺盛的植被、威严的青铜鼎都在展示着西安厚重的历史。八百里秦川跃然眼前,层峦叠嶂、云烟氤氲尽收眼底,使宾客有悠然见南山之感,实现未见山水已生情的感染力。

布草并没有受西安厚重文化的影响而过于复杂,而是使用简单明快的白色为主色调,让人没有压抑感。创新之处便是台布上用水墨山水画形式绘制的秦岭山水图,凹凸不平的布料上用水墨拉开了山水美景,恰似于繁忙的都市中开辟了一条通往静谧清新的世外桃源的幽径。

整套水晶餐具彰显宴会的儒雅、静逸与高贵。透过斑驳陆离的水晶器皿,宾主可以看到底碟上篆体的"关中八景"章印,宴会主题便可了然于心。其他宾客位置的底碟则用关中八景图装饰,让宾客在觥筹之间感受古都长安深厚的文化气息和绝美的自然景观。

菜品的设计在立足长安悠久的历史文化的基础上,依托独特的陕西特色,原料广发,营养搭配合理,并迎合绿色健康膳食的理念。菜品的名称也颇具文化特色,如"踏雪寻梅"、"雁塔晨钟"等,使人望名便已垂涎欲滴。菜单的装帧风格古朴,与长安的渊远文化背景不谋而合。

【完善主题设计意见】

作者采用秦岭的山水微缩景观,尽最大可能地展现西安的代表事物,将厚重的文化用简单的手法进行阐释,只是在对主题的表现上还稍有欠缺,餐巾折花的高度影响了主题表现。

（九）印象西湖宴

主题名称：印象西湖宴

奖次：二等奖

选手姓名：蒋燕飞

参赛单位：金华职业技术学院

【主题创意说明】

　　自古就有"天下西湖三十六，就中最美是杭州"的佳赞。西湖的美，古已有之。阳春里夹岸相拥的桃柳、夏日里接天连碧的荷花、秋叶中浸透月光的三潭、冬雪后疏影横斜的红梅，还有那烟柳笼纱中的莺啼和细雨迷蒙中的楼台，无不在诉说着西湖的温婉娇美。除山水之美以外，西湖的文人墨客、西湖的茶水，以及西湖的饮食都让人着迷。西湖胜景映衬出的人与环境及人与人和谐共存的浙江精神，是带动我们进行现代化建设的文化动因。正是基于西湖的美景和奋进的浙江精神，印象西湖的主题应运而生。

【主题创意说明】

　　印象西湖宴以夏日杭州为设计背景，并以荷花、荷叶、断桥、龙井茶、游船、雷峰塔、南宋官窑、杭州丝绸等为设计元素，诠释西湖的自然景观与人文底蕴。

西湖是一个自然湖,该设计以荷花为西湖的符号。主题中心的满池新荷预示着奋发向上的浙江精神。俗话说,"晴西湖不如雨西湖,雨西湖不如雾西湖",朦胧中的西湖最为动人,设计者用干冰来营造西湖烟雨朦胧的意境。

西湖还是一个人文湖。断桥、雷峰塔、龙井茶与荡漾于湖中的游船勾勒出一幅人与自然和谐共存的画卷,也表达出杭州休闲之都的美誉。

主题装饰物中的折扇,扇身用书画作品装饰,其中的书画,是以篆刻书画作品而享誉海内外的西冷印社的作品。

【设计元素解析】

台面对于色彩的运用搭配较为合理。白、绿、粉三色的运用,较好地演绎了一池荷花盛开的美景,再配以泼墨山水画的菜单,美景之下平添了一番人文气息。

布草清新、别致。绿色的底裙恰似一田荷叶,与台中心的荷叶和莲藕浑然一体,映衬着娇艳欲滴的台面。白色的台布清新、亮丽,透着出淤泥而不染的洁净。餐巾选用粉红色,像一朵朵盛开在湖面的荷花。椅套采用全白色,以使之与整体协调一致,在椅背处系上绿色纱带,别具一格。

餐具的使用较为考究,是承继南宋官窑烧制技法的现代之作。为映衬粉色的荷花,骨碟、汤碗、汤勺、味碟上均烧制了粉色的花朵图案,温婉动人。

菜单和筷套上均采用水墨写意的西湖美景图案,由坐落于西子湖畔的中国美院创作,人文气味更加浓厚。

菜品采用杭帮菜,并在原有基础上加以时代创新。设计时以环保养生为主旋律,取材以浙江本地特色为主要原料,并以"西湖胜景"来命名,彰显出宴会的主题。

【完善主题设计意见】

印象西湖宴的设计者运用了丰富的色彩技法,颜色搭配清新、脱俗。但对主题的表现有待进一步创新。

二、以地域代表性自然景观和事物为主题

这类主题以某一区域有代表性的动植物、自然景观、标志性建筑为主题凸显物,借以展现地方特色。这类主题在设计的过程中,在凸显有形事物的同时,应当注意适当地融入文化元素,使地方特色真正活起来。如《东湖荷韵》这桌主题宴会,以荷韵为宴会主题设计的切入点,以屈原为台面文化氛围的延伸点,台面清新、淡雅,生态与文化相得益彰。方尺之间浓缩东湖美景,小小餐台彰显湖北武汉的特色。设计者独具匠心,选景精妙,意味深长。

(一)江南竹韵

主题名称:江南竹韵

奖次:二等奖

选手姓名:付乐琴

参赛单位:江西旅游商贸职业学院

【主题创意说明】

"绿竹半含箨,新梢才出墙。色侵书帙晚,隐过酒罇凉。雨洗娟娟净,风吹细细香。但令无翦伐,会见拂云长。"唐代大诗人杜甫笔下的竹在史册里苍翠了千年,竹因青翠挺拔、凌霜傲雪受到了人们的称颂。人们赋予它心虚节坚,风度潇洒,并得"君子"美誉。该作品主题名称为"江南竹韵",以竹特有的气质背景,结合江西井冈山五百里竹林海及江南独特的竹文化特点,设计出集餐饮功能齐全、书画气息浓郁、文化底蕴厚重的宴会产品。

【设计元素解析】

宴会的台面设计整体呈现出淡雅、清新、自然的氛围。将竹子作为整个主题的基调,以水墨画的形式展现出来,显示出浓厚的中国气息,颇有韵味。台面用品从外形、色彩及图案上均配合主题设计,选用白色桌裙与银灰色台布相搭配,营造出水墨画的效果,口布与台布颜色相呼应,餐具、用品上均印有水墨竹画,与整体设计相得益彰。

桌面中心装饰物以绿竹为主题,搭配蝴蝶兰与松柏叶,用蝴蝶兰的红色与充满生机的绿色来提亮整个桌面的色彩,清新又不失淡雅,一杯香茗,一盏香炉,一片竹简,加以白色小碎石点缀,给人回归自然的享受。椅套上用银色和黑色勾画出的墨竹,星星点点,使整个台面搭配和谐一致,充满浓郁的中国江南风韵。

　　菜单是贯穿整个宴会的点睛之笔。现代人讲究养生,追求吃得营养,吃得健康,《江南竹韵》的菜单设计以竹为原料,通过不同的烹饪方法,突出该食材的养生功能。菜点命名构思独特,采用谐音、寓意和写实相结合的方法,将一道道美味的菜肴名称展示出来,别具匠心,韵味十足。菜单在制作上配以水墨竹画,古色古香,协调一致,突出主题。

　　【完善主题设计意见】

　　深灰色调的台面要表现出淡雅、清新、自然的江南竹韵还略显厚重。

(二)白山松水情

　　主题名称:白山松水情

　　奖次:三等奖

　　选手姓名:徐海微

　　参赛单位:长春职业技术学院

　　【主题创意说明】

　　本款作品是以突出吉林地方物产和风土人情为特色的欢迎宴。宴会的布景设计既展现了长白山的美景,又表达出东道主的热情好客之情,"情"、"景"结合。

　　本台宴会的亮点:1.着力打造环境设计,运用蓝色冰块灯美化台面,使台面氛围更加柔和;2.追求仿真度,宴会的主题中心布景大致按照长白山天池的原貌来设计,层次分明;3.把主题文化充分体现在菜单中,每一道菜的名字都结合主题来确定,菜名新颖、悦耳。本台宴会的应用价值体现为美观、营养、绿色环保和可推广性。

【设计元素解析】

台面中心巧妙地运用璀璨湛蓝的水精灵、西蓝花、蓝色的冰块灯、粉红色的山竹梅、芋头雕刻的山体和干冰等现代元素。这里用西蓝花来围成长白山天池外围的植被,加上山竹梅的点缀,整体效果简洁、大方。选用的蓝色水精灵,盛在玻璃容器内,仿佛天池就在眼前。容器的底部用蓝色灯光打亮,再加上干冰的雾气飘浮在上面,若隐若现的天池就呈现出来了。中心的山体是用芋头雕刻而成的,山势大气磅礴,群山围绕中捧出一池清水。

布草在选择上注重面料与做工,深蓝色的台布做台底,其上覆盖白芯蓝边台布,整套组合相得益彰,并能与主题相互照应,使整个台面看上去简洁、大方。餐巾、椅套和台布是同款色系的,这样既增强美感,又能体现台面的协调统一性。

餐具选用光泽度较好的骨质瓷,淡雅、简洁的印花,提升了宴会的档次。同时,选择蓝色水晶酒杯,给人以晶莹剔透之感。口布花主要采用的是冰山造型的折花,能紧密围绕主题。菜单的封面看似一幅水墨长白山的画卷,使宾客对美景展开无限的遐想。

【完善主题设计意见】

主题装饰物不够精致。

(三)东湖荷韵

主题名称:东湖荷韵

奖次:一等奖

选手姓名:周颖

参赛单位:武汉商业服务学院

【主题创意说明】

该作品是一款以"东湖荷韵"为主题的作品,方尺之间浓缩东湖美景,小小餐台彰显湖北武汉特色。设计者独具匠心,选景精妙,意味深长。这款作品以荷韵为宴会主题设计的切入点,以屈原为台面文化氛围的延伸点,台面清新、淡雅,生态与文化相得益彰。

武汉东湖风景区面积73平方公里,是中国最大的城中湖。东湖湖光山色,景色迷人,夏季荷花盛开时,处处"接天莲叶无穷碧,映日荷花别样红"。东湖也是最大的楚文化游览中心,楚风浓郁,古韵精妙,文化底蕴厚重深远。作品借"东湖荷韵",展示别具特色的湖北美景,给客人带来夏日清新与凉爽,凸显湖北人"大气、好客、友爱、淳朴"的秉性。

【设计元素解析】

中心装饰物采用荷花、荷叶与"行吟阁"等摆件来造景。有的荷花"小荷才露尖尖角";有的荷花婷婷盛开,错落有致。绿色荷叶上的水珠晶莹剔透,仿佛一触即滴;荷花与荷叶之间,鱼儿游戏。荷塘深处,行吟阁静静立着。整个中心装饰物造型优美,色彩淡雅,寓意深长,紧扣宴会主题。

为突出主题,设计者选用湖绿色的桌裙、米白色桌布,营造出静谧荷塘之意境。餐具选用白色骨质瓷,餐碟、味碟、汤碗等内侧设计灰绿色花枝,给人以优雅之感。在口布花型方面,主位选择高高的竹节,其他则是帆船,与中心装饰物遥相呼应,为台面增添了些许灵动。菜单为简单的折叠式,正面底色为绿色,印有东湖夏日荷塘美景,荷花之韵渗透其中。

【完善主题设计意见】

中心装饰物还不足以表现东湖胜景,装饰物的高度会遮挡客人的视线。

(四)西湖从来多古意

主题名称:西湖从来多古意

奖次:一等奖

选手姓名:马瑛

参赛单位:浙江旅游职业学院

【主题创意说明】

"江南好 风景旧曾谙……"一首古诗真实再现了江南浙江令人流连忘返的自然风光,如诗的山水仙境,深厚的文化底蕴,在这一幅幅"山水浙江,诗画江南"的迷人画卷中,西湖无疑是最具代表性的。北宋著名大文学家苏轼曾留下"天下西湖三十六,就中最美是杭州"的诗句,以赞美杭州西湖冠绝群芳。该作品的主题便是围绕最美西湖而展开。杭州之美,美在西湖,西湖之美,自古名动天下。

【设计元素解析】

台面中心装饰设计独特,斑驳的原木犹如包含岁月的粼粼湖面,波光中一幅墨香飘逸的山水画卷飞腾而出,灵动地向世人展现她那"淡妆浓抹总相宜"的千般风情。白色台布上一幅南宋风景画,惟妙惟肖地将那个遥远年代的风物展露无疑。

台面整体效果呈现出《山水浙江 诗画江南》的韵律。菜单则以西湖美景为载体,以一笔点开山水画卷的形式,以宣纸作画,采用端砚作为菜单的形式,更是巧妙地呼应上述各个细节,笔墨纸砚艺术化地将西湖的古意、诗意和秀美表现得淋漓尽致。菜单整体设计与餐台主题相统一,外形有一定的艺术性。

饮酒佐菜之余,问西湖最妙处莫过于十景,两宋时渐成气候,清圣祖康熙五下江南,颁赐墨宝,建亭立碑而后定,日苏堤春晓、曲院风荷、平湖秋月、断桥残雪、道尽西湖之美妙,盘沿一方小印,与口布上形制不一的朱砂墨锭,正写画了这游览不尽的西湖风光。

【完善主题设计意见】

用画卷表现西湖深厚的文化底蕴,设计巧妙,有较强的艺术性。

(五)忆江南·莲

主题名称:忆江南·莲

奖次:三等奖

选手姓名:邱敏婷

参赛单位:深圳职业技术学院

【主题创意说明】

江南好,风景旧曾谙! 江南,如诗如画般的地方,该台面主题设计便是以此为基础展开。江南,有断桥的烟雨,有曲院的风荷,更使人忘不了的是缠绕在舌尖的那缕江南味。

宴会主题创意删繁就简,选取极具代表性的江南元素——莲花,以碧水映红莲的意境为客人带来品尝江南菜的绝佳心情。莲叶高低错落,莲花点缀其间,鱼儿悠闲摆尾⋯⋯主题鲜明,渲染到位,观赏性强。

【设计元素解析】

中心装饰物通过错落有致的莲叶和莲花,营造出莲花出淤泥而不染的高洁气质。莲花池中悠然自得的鱼儿将盎然生机注入到餐桌上,增强艺术品的可观赏性,发光二级管(LED)灯光增强了色彩和光线的效果。整个中心装饰制作虽简单,但绿色环保,且寓意丰富。

台布选取墨绿色底布和白色水波纹装饰布相互映衬,深浅色的对比也给人神清气爽的感觉。点缀着粉色莲花图案的白色餐巾,与绿色餐巾相搭配,呼应了主题。

印有莲花图案的骨碟、汤碗、味碟、汤勺等餐具浑然一体,彰显出主题。筷架、筷套、牙签套也精心地选择了莲花图案,精致到细节。

椅套上缠绕绿色薄纱,使整张餐台更加协调美观,更衬托出"日出江花红胜火,春来江水绿如蓝"的意境。

【完善主题设计意见】

主题表现略显单薄,中心装饰物偏高,遮挡客人的视线。

(六)"浪漫大连"主题迎宾宴

主题名称:"浪漫大连"主题迎宾宴

选手姓名:史宝弟

参赛单位:大连职业技术学院

【主题创意说明】

该台面的创意灵感源于大连的城市文明、生态和谐,以及久负盛名的广场文化。大连是中国著名的人居、旅游胜地,拥有包括亚洲最大的广场——星海广场等102个广场和90多个城市公园,广场和公园是城市凝固的记忆,而丰富多彩的社会文明也被载入以海为蓝图的城市文化中。

【设计元素解析】

整个餐台以蓝色和白色为主线,好似海天相接,又配以唯美的桌中海浪,宛如一张跳跃的、现代的、国际化的大连明信片迎接来自五湖四海的宾朋。

餐台中心,一艘象征着享有"浪漫之都,北方香港"美誉的大连之船,正向远方驶去。船中散撒着金色和蓝色的细沙,细细地描画出温暖的海滩和开阔的海岸。傅家庄广场的标志性雕塑海豚,海之韵广场的主雕塑海浪和港湾广场的古战船,一起营造着承载大连百年记忆的广场文化。船首那只晶莹剔透的花瓶里,铺设着多彩的海水精灵,杯子中几尾金鱼正畅游在朦胧幽绿的水草之间,忽隐忽现地映衬着花瓶上半部的迎宾插花。

白色椅背上的蓝色羽毛象征腾飞的大连文明,一道蓝色绸缎卷曲起来成一道柔美的海浪,体现出大连的开放、富饶向上。

一帆风顺的盘花,寓意着大连扬帆远航,与世界融合。

宴会菜单运用大连海洋极地的海豚做装饰的框架凸显大连韵味,"浪漫大连"主题迎宾宴的餐单设计采用大连传统老菜与现代佳肴融合的模式。

【完善主题设计意见】

主题装饰物中的花瓶装束过高,台面整体不是很协调。椅背的羽毛过大,影响整个台面的效果。

(七)三江哺育

主题名称:三江哺育

选手姓名:李军

参赛单位:青海交通职业技术学院

【主题创意说明】

"三江源"地区地处青藏高原腹地,是青藏高原的重要组成部分,地域辽阔,地形复杂,素有"江河源"之称,被誉为"中华水塔",透露着三江源的圣洁光辉。三江创造的远古文明的主题思想,是华夏文明的哺育者。慷慨无私的冰川雪水,孕育着黄河、长江、澜沧江,也哺育出了灿烂的华夏文明。在2010年4月14日,位于三江源的玉树地区发生7.1级强烈地震,人民的生命财产遭重大损失,在党中央、国务院和中央军委的坚强领导下,玉树屹立不倒,巍峨耸立在世界第三极。三江源人民以感恩之心感谢全国人民的帮助和无私奉献,设计者正是以此为背景,设计出了该桌主题宴会。

【设计元素解析】

主题装饰物是青藏高原三江源地区的雪山,是由产自高原的湖盐提炼出的青盐堆成的。台面将高原雪山、大美草原连成一派茵翠,生机盎然的鲜花与草甸相映成趣。草原上牛羊成群、酷似天上的繁星,草原主人藏族姑娘卓玛和青年扎西过着田园牧歌式的美好生活。

桌布、桌裙采用的图案是高原祥云,寓意吉祥和高升,是上天的造物。桌裙以雪山的圣洁白色为基调,辅以高雅、庄重、凝练的灰色,凸显出三江源自然保护区天人合一的生态理念。台面的黄色吉祥哈达,绘有宝伞,右旋海螺、吉祥结、秒莲、金轮、胜利幢、宝瓶、金鱼等图案。这是三江源的世居民族——藏族的八种吉祥图案,也称之为"藏八宝",象征青藏高原人民纯净、幸福、自由的生活。

椅套上采用手工制作的黄色哈达为装饰,蓝色的哈达突出主位。

餐具以白色为基调,从骨碟到汤碗、味碟、汤勺,所有餐具的边沿都以祥云图案为装饰,寓意——扎西得勒(藏语译文为"吉祥如意")。

台面口布折花以三江源为主题,分别以三种花型美化餐台,烘托气氛。

【完善主题设计意见】

该宴会主题创意深远,但主题装饰物的制作稍显粗糙。

三、以地域代表性文化及其景观为主题

这类主题的宴会在设计过程中,对地域文化的把握是重点。由于各个地区的代表文化并不是单一的,其所呈现的载体也是多元的,因而,这类主题设计的难点在于对地域文化呈现载体的准确把握。《徽风皖韵》便是一款以赞美安徽地方特色文化为主题的宴会。徽派文化的代表性事物是多样的,而且每一种文化事务都具有举足轻重的分量。

（一）徽风皖韵

主题名称：徽风皖韵

奖次：一等奖

选手姓名：谷成红

参赛单位：安徽工商职业学院

【主题创意说明】

"一生痴绝处，无梦到徽州"，这是明代大书法家汤显祖留下的千古绝唱，意指一辈子想去人间仙境，可做梦也没有想到人间仙境原来就在徽州。徽州指今天安徽省黄山市，徽文化是一个极具地方特色的区域文化，与敦煌和藏学并称为中国三大地域文化。该宴会便是以徽州文化为主线，从徽派三雕中的木雕入手，结合黄山迎客松辅助表现，设计视角独特，文化内涵丰富，能明确体现传统徽派的特色，主题所采用的材料环保有特色，不仅具有强烈的艺术美感，而且具有很广阔的市场前景，具有很强的推广价值。

【设计元素解析】

台面中心装饰物呈现的是一户徽派人家,在该组造景中最富有特色的设计有:一是厅堂中的木雕屏风,充分体现徽派三雕中的木雕特色;二是此户人家旁边的松树,既有迎客之意,又是徽派盆景,形成了一幅徽风晚韵的美景。

为配合主题设计的寓意,形成整体设计的协调性,餐具选择高档次骨瓷制品,辅以银色迎客松图案,与主题相得益彰。在布草的选择上,设计者使用迷宫格图案,深蓝近黑与白色搭配的布草,仿似白墙黑瓦的古建筑,使整个台面看起来庄重,贴近主题要求。为配合主题,口布花型主要使用迎客松造型的环花为主,以绿叶及竹笋来突出主位,表现徽州人与自然和谐相处的美好景象。

主题体现的内容主要是木雕,从而该主题菜单的体现方式也是木构架,在材质风格上一致。另外,菜单中的背景图案选择也是以主题中的迎客松为主,使整体统一协调。

【完善主题设计意见】

台面中心装饰物精巧、雅致,但高度可能会遮挡客人的视线。

(二)品味丝路

主题名称:品味丝路

奖次:三等奖

选手姓名:王珊珊

参赛单位:新疆职业大学

【主题创意说明】

提到新疆,就不得不提丝绸之路。这条路是从古代长安通往中亚、西亚的陆上通道,因为这条路西运的货物以丝绸制品的影响最大,故得此名。丝绸之路的开辟,有力地促进了东西方经济文化交流,至今仍是东西交往的重要通路。设计者借助对丝绸之路的主题设计,力图展示独特的边疆魅力。

【设计元素解析】

主题装饰物用了两只骆驼,骆驼是古代大漠中的主要交通工具。中间的丝带代表丝绸之路,中间用鲜花插出具有民族特色的艾德莱丝绸,像丝绸之路一样,架起人们之间友谊的桥梁,连接了各族人民的心。

台布选用漠黄色,寓意一望无际的大漠边疆。桌旗采用具有新疆特色的纹案,地域特色鲜明。

餐具采用金色花纹的器皿,以与大漠的环境相协调。

淡黄色的餐巾折成精致的杯花,为整个台面增添了一抹清新之感。

餐单选用镜框的形式,别出心裁,整体颜色背景也用了怀旧的经典黄色,渲染了丝路主题。菜品选取新疆地域食材,满足旅游者对异域食品的好奇。

【完善主题设计意见】

丝路的主题得到了较好的展现,整个台面虽然具有浓郁的大漠风格,但并不单调,令人眼前一亮,俨然一副大漠中绿洲的形象。不足之处在于,对丝路文化的发掘还不够深,除了主题装饰物外,其他部件对主题的渲染程度不强。另外,餐椅的颜色与整个桌面的主题和色彩搭配还有进一步提升的空间。

（三）龙腾盛世，扬帆体坛

主题名称：龙腾盛世，扬帆体坛

奖次：三等奖

选手姓名：那成林

参赛单位：辽宁现代服务职业技术学院

【主题创意说明】

本主题的创意设计源于第 12 届全国运动会，是为庆祝会徽的诞生而创作的。

对中国人来说，龙是一种精神、一个符号、一种意绪，更是一种血肉相连的情感。当源远流长的龙文化与博大精深的餐饮文化在体育盛事的推动下相融合时便赋予了本次宴会更深刻的文化内涵："龙腾盛世，扬帆体坛。"

【设计元素解析】

这张台在台花的设计上采用了两部分内容来突出主题。

第一部分为手绘部分，使用彩砂在台布上手绘全运会的会徽。手绘以变体行书"辽"字为主体，加以会徽的映衬，既似扬帆远航，又似祥龙出海，既体现出赛事主办方的豪情，又洋溢着对大赛成功举办的美好祝愿。

第二部分以鲜花为材料，塑造出旋舞的火凤凰的形象。旨在以凤凰涅槃体现主办城市借助全运会的东风开拓进取、昂扬奋进的人文精神。

这张台采用紫色的底布与白色台布来彰显宴会的隆重气氛。口布选择与底布同样的颜色和布料进行呼应,在花型设计上也考虑到主题的凸显。主人位的花型是全运会火炬的形象,副主人位用皇冠来预示胜利,其他花型一律为帆船,彰显乘风破浪的内涵。整个花型的设计完整地呈现出"扬帆体坛"的内涵。

选择了"龙腾四海"的组合餐具,突出了"龙腾盛世"的主题。

【完善主题设计意见】

色彩搭配不是特别理想,主题表现有待于进一步挖掘。

(四)和·徽

主题名称:和·徽

奖次:二等奖

选手姓名:任紫兰

参赛单位:安徽工商职业学院

【主题创意说明】

"和",是我国传统文化中的重要理念。时至今日,"和为贵"、"和气生财"、"家和万事兴"等蕴含"和"文化的用语依然对我们有很大的警示作用。我国更是在新世纪之初就提出了构建社会主义和谐社会的治国理念。构建和谐社会需要有和谐文化的引导,该宴会主题就是将"和"的理念与徽派特色相结合,对两种元素进行糅合,以展现安徽的和谐风貌。

【设计元素解析】

中心装饰物以河景为主要的造景场景,内有徽派的马头墙、小桥、荷花、渔夫、鸭等元素,在氛围上营造一种宁静祥和之感,而且又取河与"和"谐音之妙。

造景元素中的荷花代表"和"的理念,用群荷来代表本固枝荣,一片繁荣的景象,同时也表达对用餐者的祝福。马头墙是安徽的重要代表建筑,是对徽派元素的展现。

台布的颜色大胆运用白色和灰色的搭配,以展现徽派文化中灰、白相配的色系。台布花纹的设计是徽派木雕图案中的窗棂图,地方特色鲜明。色调和谐,不张扬。

餐巾配合台布选用灰色调。这款造型采用杯花的形式,花型以迎宾鹤、绿芽突出主位,其他位置以蝴蝶、和平鸽搭配其中,营造了荷塘中生物和谐相处的趣味。

餐具选用白色的瓷器,与马头墙的颜色相呼应,并且在每件餐具上都印有与主题相映衬的马头墙形象。

筷套、牙签套也运用了灰色的主色调元素,并且印有徽派文化标志图案——马头墙。

主题说明牌上用了徽派典型建筑以及安徽风景为背景,清新、典雅。

菜单的款式以册页的形式展现。册页是书画作品的一种装裱形式,整个设计气质与主题搭配。由于菜品以徽菜为主,所选的菜品都有一定的历史积淀和背景故事,打开册页犹如打开一本故事书。同时,册页的形式,也能展现徽派文化中的文房四宝的元素。

　　菜品的设计考虑到地方特色,选取安徽当地食材,并注重烹饪手法的搭配,口感丰富,注重平衡酸碱度等营养要求。

　　【完善主题设计意见】

　　介于方寸之间做文章,"和"与"徽"两种文化所涉及的元素众多,对能够体现两种文化的代表元素的选取是关键。如果涉及的元素过多,则整个台面就显得臃肿不堪;如果体现的元素过少,则台面的内涵又不够。设计者围绕表现主题的需要,将不同的元素灵活运用,将"和"与"徽"有机结合、水乳交融、相得益彰。而食材的选择、鲜花的装点、面塑的使用,以及餐台上各种小件的运用都妥当地刻画了主题,台面的推广价值极大。

　　椅套的质地与整个台面清新脱俗的气质不相协调,再添加一些徽派文化的元素,台面效果应该会更好。

（五）青花故里

主题名称:青花故里

奖次:三等奖

选手姓名:王淑敏

参赛单位:江西旅游商贸职业学院

【主题创意说明】

江西是瓷的故乡,而景德镇的青花瓷,质地圆润丰满,气韵雅静。青花瓷朴素而不失大气的内涵正是中华文化含蓄内敛的代表。白瓷青花,点点流光绽放,在漫长历史长河中积淀下的不凡气韵,给人以别样的雅致。设计者期望用这张青花故里的台面让世人更多地了解江西,了解青花瓷。

【设计元素解析】

桌上装饰物的现场制作完成。将清新雅致的梅花放入别致典雅的青花瓷盘中,其孤傲脱俗已然可见一斑;旁边衬以青花瓷茶具的搭配,高洁的梅花、素雅的青花瓷与古朴的茶具气质完美融合,使人不觉陷入一个古老沉静的梦境,遇见一段亘古千年的历史情缘。

台面的色彩以白、蓝两色为主要基调。白色桌布和椅套上均绘有蓝色的青花瓷图案。全套餐具也是选用带有青花花纹的瓷器。整个台面给人以清新、淡雅之感。青花瓷的蓝不禁让人联想起烟雨天,那一抹天青色。江南骤雨打过寂静竹林,繁花的瓶釉色被渲染成歌,窑烧出青青的笔锋偏颇。天青色的花朵在碗碟间跳动,灵动在椅子间,仿佛在书写千年的故事与精彩。透过那幅画面,有一种感觉,就好像隔着重重历史,静静观赏青花瓷遗世独立的美丽。

筷套和牙签套均用青花纹案进行装饰,古朴、素雅。

选用细长瘦弱的水晶杯,与整套台面清瘦、新丽的风格更加契合,渗透出一股清高、俊美的意味。

在菜单制作上独具匠心,采用青花图案的瓷盘为载体,将菜品名称烤制瓷盘上,将江西的饮食文化与瓷文化紧密结合在一起,展现出江西厚重的文化底蕴。菜品的选择也在体现江西特色的基础上精选了集各地精华的菜品。整体表现出菜品的色、香、味、形、质、意六个基本方面,全方位、多角度展现江西的饮食文化,如永新酱萝卜老鸭汤与鄱阳湖藜蒿炒腊肉搭配,宜先喝汤缓解油腻口感;当然江西餐饮也非常重视养生和五味调和,如南昌鲶鱼钻豆腐这道菜,选用鲶鱼作为主料,鲜美的口感配上豆腐的调和,达到中和之美。

【完善主题设计意见】

宴席设计清新脱俗,对青花瓷的风韵进行了完整地呈现。菜单的制作,匠心独运,彰显主题。但中心装饰物观赏面不能很好地兼顾到所有客人,整体感稍显欠缺。

（六）盛世飞天

主题名称：盛世飞天

选手姓名：穆靓

参赛单位：陕西青年职业学院

【主题创意说明】

西安，在所有人心中向来都是古老的代名词，从未有人轻易地将她与高科技连在一起。她作为十三朝古都的形象根深蒂固地凝刻在人们心中。然而今日西安又有几人知晓，又有几人了解？

盛世，使人们联想到的多为"大唐王朝"，也让人们联想到如今中华民族的伟大复兴。飞天，令人们联想到的多是"敦煌壁画"，也叫人们联想到如今航天事业的伟大成就。飞天形象在盛唐时期的长安城风靡，飞天精神在和谐社会时期的西安城流传。

该作品将主题命名为"盛世飞天"，它寓意着中国的航天精神，寓意为神州系列飞船必将成为千年前的大唐飞天飞舞苍穹、翱翔天际；它象征当年大唐雄风下的长安胜景，在新时期科学发展观的指引下必然让西安再度辉煌，它让更多的人了解西安，肯定西安，赞美西安。

【设计元素解析】

宴会的台布、口布、餐具均以飞天为图案，以金黄色为主色调，彰显大唐与当代盛世的荣华与尊贵；宴会的中心艺术品从沙漠中昔日一支艰难跋涉的商旅骆驼到如今一个即将升空的运载火箭，象征飞天从历史中姗姗走来，幻化成新时期的航天精神，自然地实现了古今对接。

该作品以"盛世飞天"为主题，将古城西安的古今文明进行了有机的结合。主题表现还不够深刻。

(七)天涯海角宴

主题名称:天涯海角宴

选手姓名:沈杨飞

参赛单位:海南经贸职业技术学院

【主题创意说明】

明媚灿烂的阳光,洁白细腻的沙滩,婀娜多姿的美人。湛蓝的画面中,隐约间传来大海的歌声,朦胧中似有淡淡的海的芬芳,仿佛间我们听到了大海原始的呼唤,椰风徐徐,海天一色。天涯海角宴——开启宾客宝岛探险的第一站。

【设计元素解析】

在台面的正中央,有两只玲珑的东星斑。蓝色与白色交融的纱布是阳光照耀下泛着金光的海浪,带着浓浓的热带气息,一阵阵向游人们扑来。下白上蓝的桌布蓝白相间,白色是那细腻的海滩,蓝色是那雀跃的海水。它们如胶似漆地相拥与亲吻,成为海岸边一道亮丽的风景线。

台面骨碟采用异形盘设计,好似张着小手的海星。海星的前面是一个可爱的贝壳。可爱的海星与小巧的贝壳相映生辉,构成了一幅妙趣横生的海景图。菜单选用船的造型,祝愿客人的事业,能像大船一样,划开层层波涛向前行进。

【完善主题设计意见】

颜色搭配稍欠理想,主题表现还有欠缺。

四、以特定民族风情为主题

这类主题一般选取某一民族的独特文化或者民族风情为创作点,以具有民族特色的文化风采、手工艺品及生活方式为载体来进行宴会设计。民族代表事物很多,餐饮宴会的设计要抓住文化之本,以文化为辅助来完成餐饮活动。因此,设计切勿喧宾夺主,以免因刻意渲染民族文化而影响宴会用餐的基础性功能。

(一)苗岭风韵

主题名称:苗岭风韵
奖次:三等奖
选手姓名:周馨
参赛单位:贵州交通职业技术学院

【主题创意说明】

该作品用苗岭风韵定名,以现代宴席的形式传承和展示浓厚的苗族文化,借贵州少数民族传统宴席,品菜、品酒、品歌,并配以苗族文化装饰,使人感受到夜郎古国少数民族的文化特色,满足现代人出于自然而高于自然的享受追求。苗族银饰、刺绣这些特有的符号与苗乡美食的同生共济,带给宾客扑面而来的清新感受,大有"好酒当歌人正意,合心合意在苗家"的设计用意。

【设计元素解析】

在宴会的台面设计上,重在体现苗族文化元素,整个台面选用金色流水纹台布搭配蓝色云纹面布,并衬以镶有精美的苗族刺绣的黄色桌旗,桌布与桌旗的颜色相互映衬,展现出苗族服饰的浓郁特色。桌面正中摆放苗族的纯银头饰、项圈和精美的苗族盛装人偶,不仅向宾客呈现"花衣银装赛天仙"的苗族服饰和银饰文化,也充分显示出苗族人民的智慧和才能。

桌布和中央装饰品的交相辉映,仿若一个苗族少女身着盛装,头戴银帽,欢歌笑语地款待客人,带给宾客别样的就餐氛围。餐具选用青花民族纹饰餐具,与桌布颜色呼应,具有浓浓的少数民族韵味,民族意蕴在觥筹交错中慢慢浸润人心。另外,筷套、牙签套等配饰也将苗族吉祥纹饰等元素一一展现。

【完善主题设计意见】

餐台能充分展现苗族丰富、独特的文化。但布草的颜色稍感杂乱,影响到整体效果。

(二)欢乐壮乡

主题名称:欢乐壮乡

奖次:二等奖

选手姓名:王兴霞

参赛单位:南宁职业技术学院

【主题创意说明】

壮族是中国人口最多的少数民族,也是一个具有悠久历史和灿烂文化的民族。壮族人民能歌善舞,壮族的山歌因南北方言不同而有"欢"、"西"、"加"、"比"和"抡"等不同称谓。壮族也是一个朴实、勤劳、乐观、向上的民族。该宴会各元素的应用,能很好地展现壮乡人的新生活。

【设计元素解析】

台面设计上采用深蓝色和黄色台布相互衬托。采用大量的壮族元素，配以极富色彩的壮乡手工织锦，使整个台面呈现出浓郁的少数民族风情。中间以五彩壮锦装饰，口布及椅套也运用大量的壮锦，使宴会的主题更加凸显。

台面中心装饰品设计更是彰显欢乐壮乡的主题，五彩吉祥的绣球，别致新颖的八桂民族之花——坭兴陶，坭兴陶产自广西钦州，是中国四大名陶之一，具有1300多年的历史，且具有很高的实用性和收藏价值。陶柱上雕刻有众多少数民族手拉手载歌载舞，一片欢乐的景象，陶器顶端是一面大鼓，壮族人的青铜技艺有很高的水平，铜鼓是壮族最有代表性的民间乐器。

餐具同样选择绘有壮锦图案的瓷器，杯酒具独辟蹊径，选择一整套的直筒杯，这源于壮族的竹筒杯，壮族人喜欢以竹筒杯喝酒，直筒杯更能凸显壮乡同胞质朴、敦实的个性。

壮族人崇拜鸟，因此，宴会的餐巾折花以鸟为主，主人位是大鹏展翅，其他宾客位搭配上展翅欲飞的绣球鸟，象征壮族人民在中国共产党的领导下，经济快速发展，人民生活水平不断提高，到处都是一派欣欣向荣、欢腾愉悦的景象。

【完善主题设计意见】

台面整体设计体现民族风情，但制作稍欠精致。

（三）马背民族

主题名称：马背民族

选手姓名：荆艳

参赛单位：内蒙古商贸职业学院

【主题创意说明】

蒙古民族素有"马背上的民族"之美誉。蒙古族人自幼就在马背上成长,马就是蒙古族人的摇篮。蒙古族人认为:马是世界上最完美、最善解人意的动物。从小就在马背上辗转于漠北草原,产生独特的马背文化。蒙古马是牧民生活中的资源财富,是草原上日常生活中的交通工具,是军队作战的制胜法宝,也是诗歌文学的重要主题,是蒙古族人欢庆娱乐的亲密伴侣,更是他们心灵与理想借以寄托的载体。所以,蒙古族马文化与能征善战的蒙古民族一同载入史册。该宴席便是以马背文化为背景、以草原特产及蒙古八珍为原料设计的蒙古族文化宴席。

【设计元素解析】

台面以蒙古特色为主调,金色的台布象征草原大地,而咖啡色的底布代表蒙古族人的朴素和健壮。

为呼应主题,餐具选择印有蒙古花纹的特色瓷器。

主题装饰物以蒙古族文化中的重要元素——马为主体。金色的骏马造型寓意在美丽的大草原上奔腾的骏马,银灰色的马鞍象征蒙古族人民的朴素和纯洁,而在马鞍上面系一条红色的线是因为蒙古族人民将红色作为本民族的标志,在马蹄旁边放有蒙古族传统乐器马头琴。

蒙古族人民认为白色是最吉祥的颜色,口布选择白色,象征吉利和纯洁。

口布折花以龙头花为主,恰好与2012年龙年相吻合;主人位"丁香花"是内蒙古首府呼和浩特市的市花;而副主人位"笑哈哈"代表蒙古族人民乐观向上的生活态度。

【完善主题设计意见】

主题装饰物的设计着重考虑了"马"的元素,对"民族"等人文因素体现得相对较少,主题表现略显单薄。

(四)醉苗乡——苗族盛宴

主题名称:醉苗乡——苗族盛宴

选手姓名:吴佩芬

参赛单位:黔东南民族职业技术学院

【主题创意说明】

苗族是我国历史悠久、人口众多的少数民族之一,创造了丰富而深邃的民族文化。黔东南是贵州苗族人口最集中、最典型、保存最完整的地区,是苗族的大本营,也是苗族文化的核心地。这里有璀璨夺目的民族文化和保存完好的自然生态,黔东南被誉为"人类疲惫心灵的最后家园"。当你厌倦喧嚣时,这里有静谧安逸的天然氧吧;当你求新猎奇时,这里多达300多个少数民族节日令人目不暇接。每逢节日,人们都身着重彩密绣的民族盛装,披戴各式各样的银饰,从四面八方汇拢过来,唱飞歌、跳芦笙舞、品盛宴。苗族也拥有博大精深的饮食文化,该主题宴会正是本着弘扬苗族文化,传承苗族技艺的目的,将生态民族文化与现代服务技能有机结合,让更多的人了解苗族的文化,品读苗族的"盛宴"。

【设计元素解析】

台布选用白色底部配以淡黄色的装饰布,餐具选用白底青花瓷,杯具以玻璃器皿为主。简洁、清爽的搭配色彩,显出黔东南的清新与雅致。

主题装饰物由绣片和银帽组成,以突出黔东南的苗族文化。这些绣片是来自黔东南雷山县的苗族盛装,都是纯手工制作的。苗族没有文字,但是他们却用服饰和古歌记录历史,勤劳、灵巧的苗族同胞用他们精湛的刺绣技艺将民族图腾、迁徙的历史一针一线地在服饰上记载下来,所以在苗族的刺绣图案里有许许多多的故事。另外这顶银帽则是来自黔东南的黄平县,同样是纯手工打制而成,精美绝伦。

菜单的封面以绿色为底色,突出黔东南良好的生态环境。菜单背景为民族特色建筑物及参赛选手的苗族盛装,凸显苗族原生态的生活方式。菜肴选料上彰显苗乡的特色,即"绿色、环保、无污染",一个个喜庆、吉祥的菜名则更是凸显出苗族人民的好客与善良。

【完善主题设计意见】

整个台面在设计上整体感不够协调,尤其是口布花型的选择过大,遮挡了中心艺术品。

(五)柔情傣乡宴

主题名称:柔情傣乡宴

选手姓名:田斌

参赛单位:云南林业职业技术学院

【主题创意说明】

高高的大青树,一望无际的农家稻田,这是傣家男儿勇敢的奔放豪情;摇曳的凤尾竹,香气扑鼻的椰林蕉丛，这是傣家女儿婀娜的多姿柔情；干栏式的傣家竹楼，古朴、圣洁的贝叶经文，那都是傣乡传承的旖旎文化；雄伟、神秘的傣乡佛寺，造型奇特的大白塔，设计精巧的八角亭，日夜欢腾的澜沧江，到处都给人一种充满生机、充满希望的异国他乡的浓烈氛围。

　　傣族，风情独特，绚丽多姿，分外迷人。有在晨光熹微，或夕阳斜照时，到澜沧江中洗浴的习俗；有伴着象脚鼓翩翩起舞，欢歌吟唱的民风；也有虔诚信奉神灵、与自然和谐共处的宗教信仰。"水花欢，傣家狂"，傣族人用婉约和热情装点自己的生活，用细致和果敢充盈自己的餐桌。傣族儿女用乡野中最常见又最珍贵的食材，制成最美味、最鲜爽的食物，填充他们的生命，丰富他们的生活，成就傣乡最引人入胜的风景。

　　傣乡以多姿多彩的民族风情，与旖旎神奇的亚热带自然风光有机结合，形成名扬四海的滇南热带河谷风情。"柔情傣乡宴"宴会餐台设计即以傣族民俗风情为主题，配合宴会的傣味滇菜菜品，形成具有地方民族特色的旅游接待宴席，展示傣族独具特色的民族饮食文化。

【设计元素解析】

　　在整个餐台设计中，以餐台的棕色台布搭配绿色餐碟、碗等象征傣乡的丰富的热带、亚热带植物；装饰物中婉约的傣族少女，嬉戏的幼象，是傣族日常生活的代表。此外，餐碗、杯仿制傣族黑陶，装饰物的木雕、石雕都是傣族著名的日常餐饮生活用具与手工艺制品，尤其是黑陶，因其良好的透气性和密合状态最适宜水的储存而深受傣族人民的喜爱；工装、口布等布草也配合民族风情主题进行。在菜单的设计中，以傣族家常菜肴为主。整个台面寓意傣族人和自然环境的完美融合，以及和谐地相处——从自然中温柔获取又悄然回馈给自然。当然，这一过程中贯穿着傣族人的感恩和聪慧。

【完善主题设计意见】

　　该作品能尽显傣乡风情，使消费者在享受美食的过程中感受到别样的民族文化。色彩搭配上不够理想，中心装饰物稍显杂乱。

（六）涅槃羌乡

主题名称:涅槃羌乡

选手姓名:汪晓娟

参赛单位:绵阳职业技术学院

【主题创意说明】

2012 年 5 月 12 日,四川省绵阳市北川县新北川宾馆为迎接来自山东的客人准备了一场欢迎晚宴。这一天,是 2008 年汶川特大地震四周年,也是地震重灾区北川县城灾后重建四周年。为表达对汶川地震的深切伤痛、表达北川人民对山东人民的无限感激,同时展示灾后重建取得的巨大成绩,我们设计了"涅槃羌乡"这一宴会主题。

考虑到地震带给中国人民的无限悲伤,所以我们的用色主要选择孔雀白、中国蓝以及草原绿,同时点缀了少量其他颜色。中国蓝象征在地震来临后,举国之力的倾力支援;孔雀白有两层寓意,其一是地震给人民带来的无限伤痛,二是孔雀近似凤凰,涅槃重生后的凤凰给人以无限生机与活力,涅槃重生后的北川同样生机无限;草原绿更是给人生机盎然的感觉。

【设计元素解析】

在中心主题的设计上,我们选择了羌雕、凤凰、云朵、白石等作为主要设计要素。羌雕是羌族村寨必备的建筑物,是羌族人用来御敌、储存粮食柴草的建筑,碉楼立体地反映出羌族追求深沉而热烈,质朴而雄浑,极富力度感的审美倾向。在碉楼身上能品读出羌族不屈不挠、与山共舞的民族个性。

凤凰,是中国古代传说中的百鸟之王,和龙一样为汉族的民族图腾。凤凰和麒麟一样,是雌雄统称,雄为凤,雌为凰,其总称为凤凰,常用来象征祥瑞。神话中说,凤凰每次死后,会周身燃起大火,然后其在烈火中获得重生,并获得较之以前更强大的生命力,称之为"凤凰涅槃"。

云朵,羌族聚居区处于青藏高原的东部边缘,这里山脉重重,地势陡峭。羌寨一般建在高半山,故而羌族被称为"云朵中的民族"。羌区境内有岷江、黑水河、杂谷脑河、青片河、白草河、湔江、清漪江。

白石,羌族的自然崇拜主要表现为对白石的崇拜,所谓"白石莹莹象征神"。羌民一般都在石碉房和碉楼顶上供奉着五块白石,象征天神、地神、山神、山神娘娘和树神。

在中央艺术品的设计上,我们选用了两种植物,一是蓬莱松,象征生命,蓬勃向上;满天星象征喜悦、关怀和希望。加上羌族代表性建筑羌雕与百鸟之王凤凰的配合,完美体现这次宴会的要求。

【完善主题设计意见】
主题意义深远,台面在整体设计上还需要丰富。

第二节　历史材料类主题宴会设计典型案例分析

　　这类主题既可以突出特色,又可以彰显我国优秀的历史文化。其选取点可以是古今文化景观、著名历史与现代人物、典型文化历史故事、经典文学著作、宫廷礼制。如乾隆宴、孔子宴、三国宴、水浒宴、宫廷宴等。

　　这类主题所包含的类型较多,大体可以划分成下列几类:

　　(1)以古今著名文化及其景观为主题。

　　(2)以著名历史人物为主题。

　　(3)以经典文学著作与历史故事为主题。

　　(4)以宫廷礼制为主题。

　　对史料类主题的巧妙设计可以给人带来不同寻常的文化享受,能够凸显设计者独特的审美视角和文化功底。但是,这种主题的选取点要合理、科学,并不是所有古代的东西均适合作为宴会的主题,需要进行仔细地甄选和鉴别。体现主题的要素要具有典型性,切忌简单地生搬硬套,导致所设计出来的主题沦为一堆模型的堆砌而没有任何新意可言。

一、以古今著名文化及其景观为主题

　　中华五千年文明所创造出来的文化是博大和多样的,既有儒文化、楚文化这样的大家文化,也有年文化、祈愿文化这样雅俗共赏的民间文化。饮食文化是中华文化中的一部分,如何将饮食文化与其他文化元素完美地融合在一起便不是一件容易的事情。《国味》这个作品便是这类主题中的佳作。餐台中体现中国的代表思想之儒家文化思想;中国独有的文化饰品之玉器;中国的民间工艺之剪纸;中国的传统文化之篆刻;中国的民族服装之织锦等的融合,让小餐桌体现出中华文化的魅力。

（一）弘儒盛宴

主题名称：弘儒盛宴

奖次：二等奖

选手姓名：崔馨匀

参赛单位：青岛职业技术学院

【主题创意说明】

该选手将餐台主题确定为弘儒盛宴，其目的为弘扬儒家文化，专门为崇尚和热爱儒家文化的宾客而设计的。

"弘儒盛宴"——一语双关，谐音"鸿儒盛宴"（刘禹锡：《陋室铭》谈笑有鸿儒，往来无白丁），即有学识、有品位之人（鸿儒）享受的美食与精神的盛宴。

通过别出心裁的台面设计、菜单设计和氛围营造，博大精深的儒家思想与历久弥新的齐鲁美食相得益彰，将浓郁的文化与精美的珍馐演绎得淋漓尽致，使宾客在品尝饕餮美食的同时，感受儒家文化。

【设计元素解析】

　　台面装饰物主要有孔子杏坛讲学、"论语"竹简和泥塑人物等部分组成。"杏坛讲学"塑像代表孔子是儒家思想的先师、精神领袖、儒家文化的开创者。"论语"竹简平铺在桌面上,代表孔子开辟了儒家文化的大道。"泥塑人物"代表不同肤色的人种分布在竹简周边,象征不同人种对儒家文化的崇尚和追求,体现孔子"不分贫富,不分贵贱,不分老少,不分国籍,兼收并蓄,有教无类"的思想。"论语"竹简由选手现场书写,体现对弘扬儒家文化的一种践行。台面装饰物展现出儒家文化影响中国社会几千年,也传播到世界各地,孔子学院已经遍布世界各地,各国都在学习、研究中国儒家文化,在中华传统文化里汲取营养。

　　紫色桌裙高贵而厚重,代表传统的儒家思想富有历史积淀感;银灰色桌布,体现现代文明都市,质朴中彰显厚重。二者搭配,展示儒家文化与现代文明的融合。

　　书卷型口布折花彰显古代文化气息,整体上映衬烘托"弘儒盛宴"的主题,颜色与桌布相协调,形式简单大方,符合卫生要求。

　　筷套采用竹简样式,儒家文化之六艺礼、乐、射、御、书、数与核心思想仁、德、孝、忠分别印制在筷套上,象征儒家文化在世界范围内的传播和辐射。

　　牙签套上印有红色孔子印章,增添浓郁的传统文化氛围,与筷套和谐构成一体。

　　餐具上镶嵌金边,象征儒家文化光辉灿烂。餐具上有国花牡丹,体现民族风格。

　　金色椅套与餐具金边、孔子塑像色彩、筷套等颜色相呼应,象征儒家文化的光辉灿烂。

　　菜单采用锦书样式,与整体文化的风格相协调。

【完善主题设计意见】

餐台中心艺术品稍显单薄,椅套的颜色与台布和口布的颜色不够协调。

(二)追远儒风

主题名称:追远儒风

奖次:三等奖

选手姓名:王茜

参赛单位:湖南商务职业技术学院

【主题创意说明】

该主题立足湖湘,追溯孔孟。盛世收藏,感悟湖湘文化之厚重,追溯荆楚大地之物华,拾掇历史、展昭未来,激扬文字、品味儒风。

湖湘文化,源于孔孟,盛泽湘楚,笔墨纸砚承载着儒家"道南正脉"的传承;琴棋书画里颂唱着"惟楚有才,于斯为盛"。寒岁三友演绎着湖湘儿女追崇"经世致用"、"实事求是"的儒道文脉。文以载道,汇则兴邦。把玩历史之片段,追昨日风采之源,感儒风继承之盛。

【设计元素解析】

餐台上摆放的物品为清末明初的艺术品,以展示中华民族灿烂辉煌的历史文明和湖湘地区深厚的文化底蕴。物品有年代久远、类型丰富、层次清晰、质地珍稀和文化寓意丰满等特点,有较高的文化品位和艺术欣赏价值。

　　台面以一组微缩博物架为中心,分别环绕四组主题载体:第一组为"物华天宝",即博物架上清代状元及第朱批红墨盒、印章、蛙式千重锁、湘菜名店德茂楼的茶具、古书院文庙祭祀青铜香炉,以及桌面衬饰龙凤湘绣、菊花石等,寓示湘楚大地,儒道正脉南传之处,历史遗存和物产丰富。第二组是"笔墨纸砚",即鱼形墨玉笔贴、绿端砚、檀香笔架、臂搁、中山狼毫、书画卷轴桌骑,寓示湖湘文化,源远流长,笔墨纸砚是儒道南移的物化载体。第三组是"琴棋书画",以古本线装书匣、黑白围棋等寓意湖湘大地,儒家弟子在追求道统《修身,齐家,平天下》中的儒风雅意,琴棋书画颂唱《论语》里不朽的神话;第四组是插花作品"岁寒赋",为湖湘儒人的花木图腾"岁寒三友"梅、兰、竹。

　　梅,岁寒之首,不屈霜雪,纵零落成泥也不悔。兰,兰之悠悠,色淡香清,是儒祖孔子至爱。竹,清脆葱茏,刚直有节。寓意湖湘子弟在传承儒家道统中,不屈霜雪、傲骨铮铮,是湖湘文化的精神实质。这四组题材,弘扬和映衬主题:怀古颂今、唱儒吟风,即追远儒风。

　　餐具在白色背景上配以灰黑色图案,简洁但不失高雅,在与主题呼应的同时更加彰显主题文化的厚重。

【完善主题设计意见】

台面装饰物部分稍显凌乱,同时博物架和竹子部分偏高,在进餐过程中,会遮挡客人视线。桌旗采用纸质材料,从视觉角度有良好效果,但从实际用餐过程角度评价,不具备推广价值。

（三）国味

主题名称:国味

奖次:一等奖

选手姓名:张瑶

参赛单位:南京旅游职业学院

【主题创意说明】

国味,在品鉴中国美食的情境中,彰显中国文化的魅力。盛世中华的文明之光,曾经引领人类在浩瀚的历史长河中前行。看九州翔游,北国冰城,南海碧涛;看昆仑出世,峰高岭峭,直耸云霄。万里锦绣山河孕育了中国的古老文明,也促进了中华民族的跨越式发展。中国文明、中国文化早已走向世界,也已经走进人们的心里。

在当今经济飞速发展,国际化水平日益提升的年代,许多地方政府或商务活动常会邀约外宾出席,该宴会为此类活动度身定做,宴请嘉宾的同时,品赏中国文化及中国美食。

【设计元素解析】

餐台中体现中国的代表思想之儒家文化思想；中国独有的文化饰品之玉器；中国的民间工艺之剪纸；中国的传统文化之篆刻；中国的民族服装之织锦等的融合，让小餐桌体现出中华文化的魅力。

本台面正中主题造景是一组实木打造的夔龙形木架，夔龙是传说中如龙的神兽，在商周时期的青铜器上，夔龙纹即是主要的纹饰之一。此处使用红木色的夔龙木架以体现出悠悠的古意，并表达出中国人——龙的传人的特质。木架上大红的剪纸与红色的餐碟遥相呼应，将中国的民俗风融于其中，使整个台面透出热情、喜庆的氛围。

夔龙架上方两朵祥云飘逸潇洒，上书"国味"二字点明本台面的主题。最引人注目的是夔龙架上悬挂的那枚玉环，玉环是儒士常常佩戴在身边的珍贵饰品。元好问曾在诗中说"玉环何意两相连，环取无穷玉取坚"，"环取无穷"代表圆满，可将圆满、顺利的祝福送给来自五湖四海的赴宴宾朋；"玉取坚"，在此处正代表宾主间的友谊如玉般坚固，地久天长！与玉环相映成趣的是夔龙架下的那块羊脂白玉，儒家思想视玉为高尚道德的标志，所谓"君子比德如玉"。夔龙架的底部大红的"礼"、"义"字点出了本台面的文化内涵，"礼"、"义"是儒家思想的核心。"礼"、"义"是儒家思想的精髓，再加上夔龙架旁代表着"平和"、"平安"之意的描金大红赏瓶和桌布上造型典雅的中国印纹饰，整个台面便呈现出浓郁的、纯正的文化"国味"。

餐台主题色调为喜庆的红色与素雅的白色交相呼应。餐具器皿同为大红色的餐盘饰以锁扣状的徽形，增添浓浓的中国味。味碟、口汤碗、筷架、席面羹等都配以素雅的白色。直口形的现代玻璃器皿却在憨厚中散发着淡淡的中国味道。餐具间相互独立,却又相互呼应,简约的摆放风格体现现代餐饮的文化特征。

【完善主题设计意见】

用玉器、民间工艺之剪纸、篆刻、织锦等表现出浓浓中华文化的魅力。台面中心装饰物偏高,会遮挡就餐者的视线。

(四)年

主题名称:年

奖次:二等奖

选手姓名:黄冬梅

参赛单位:漳州职业技术学院

【主题创意说明】

该宴席以"年"为主题,氛围包括辞旧、赏韵、品珍、迎新四个部分,以富有地方特色的漳州剪纸、漳州水仙花、中国灯笼等元素,展示中国传统地方新年的文化韵味。台面设计呈现传统与现代交织的外在美,年华轮回的岁月美,以及自然与人文融合之美,是谓龙归天宇迎祥蛇,凌波仙子芗两岸,红灯剪纸报春来,花影四溅落玉盘。

台面通过对各种传统文化符号的设计,散发出浓郁的民族文化特征。年夜饭,对中国人来讲,意义重大。本宴席便是想通过对台面的各种设计,使人们的年夜饭更加充满年味,更富有文化气息。

【设计元素解析】

　　桌中装饰物以一对灯笼和三个带有剪纸的餐盘为装饰物,来营造年的韵味。灯笼是中国年文化的重要装饰物之一,该台面用灯笼作为主题装饰,意为灯笼照就美好前程,是对年的祝福;作为省级非物质文化遗产的漳州剪纸是地方春节的重要民俗形式,带有"鱼"图案的剪纸,寓意年年有余,透露着年的喜庆吉祥。

　　以白色为主题的台布在四周分布着水仙花的红色剪纸图案,喜庆而又热烈,通俗而又高雅,同时,也展现了漳州水仙花的美丽风姿。

　　桌号牌也是用水仙花外形的剪纸,既突出年味,也彰显地方特色。

　　菜单设计上,选用与主色调一致的红色为背景,并附以儿童点燃鞭炮的图案,以凸显普天同庆的年味。菜品以闽菜为主,注重原料搭配和科学营养,注重挖掘菜品的内涵,采用多种方法给菜品命名,以期能呈献给宾客一次高品位的年文化盛宴。

【完善主题设计意见】

　　该台面对年文化和地方特色作了深入的研究和探索,台面雅俗共赏,精心别致,改善一下椅套的设计会更美观。

（五）华夏传奇

主题名称：华夏传奇
选手姓名：张雨
参赛单位：贵州交通职业技术学院

【主题创意说明】

中国传统饮食文化是中华民族五千年的灿烂文明不可分割的一部分。本组对华夏古韵宴席的设计源于中华悠久的历史文明。从宴会布置，文化装饰，器皿台布、菜单设计等方面力求展现华夏文明的精髓、风韵及中华人民热情好客的性格。令赴宴者在享受美食带来的愉悦的同时能够感受到中华饮食文化中"精、美、情、礼"四个基本内涵的环环相生和完美统一。可谓是"指动堂羹供上客、香飘御膳款嘉客，美饰美器美珍馐，满堂嘉客似迎春"。

【设计元素解析】

整个桌面我们主要采用能代表中国文明主要色调的红黄色进行搭配，红色暗纹的桌布、金黄色的和拽相得益彰，再配以红底金线菊花文桌旗，造型层叠有序，尽显华贵和典雅。红色衬托出中华民族热情好客，营造温馨的宴席氛围；黄色映衬宴席宾客的身份。餐桌中央摆放绘有国画《报春图》的屏风摆件。在它的正前方，京剧造型的杨贵妃人偶身着红蓝两件绸缎宫衣，上饰彩云、龙凤、花蕊等图案，头戴银色点翠凤光，亭亭玉立于盛放的牡丹花丛中，只见她静若秋波，丹唇微启，仿佛是在诉说一段繁华似梦的中国故事。整个中央装饰品通过京剧、水墨国画和屏风等中国代表元素的精心组合，展现出华夏文明的博大精深、源远流长和民族文化的丰富多彩。衬托杨贵妃人偶的牡丹花和餐具上的牡丹元素交相辉映，以国花牡丹的雍容华贵，寓意我们中华民族兴旺发达和人民美满幸福。青花牡丹餐具体现细腻、婉约而又高贵、优雅的中国风情,具有浓浓的中国味儿,古典意蕴在觥筹交错中慢慢浸润人心。另外,筷套、牙签等配饰也将京剧、缎面等中国元素一一展现。

华夏古韵宴的菜品搭配力求体现中国饮食文化的独特美德,整个宴席共设有菜品 31 道。其中包括:餐前四干果;四调味小碟 6 道冷菜;12 道热菜;2 道主食、1 道煲汤;另配有 1 道甜品和时果拼盘。其中,冷菜造型美观、小巧玲珑,为华夏古韵宴揭开了序幕;热菜选取极具代表性的中国菜肴呈现给宾客,以鱼、禽、畜、蛋、海珍、蔬果为原料,由清蒸大闸蟹、老蚌怀猪为代表的 5 道大菜和 7 道热炒组成,其中又配有 4 道素菜,为宾客去腻解酒,变化口味,增进食欲;煲汤为中药虫草为辅料,搭配土鸡精心熬制的奶汤,名为有凤来仪,可消酒肉之腻,美味滋补。另搭主食蟹肉水饺,金玉满堂使宴席食品营养结构平衡。整桌菜品材料除甲鱼、闸蟹、虫草为较名贵食材,旨在突出中华饮食文化之精粹外,其余均采用大众食材,价格合理,便于推广。

【完善主题设计意见】

中心艺术品还未能将华夏文明的博大精深充分表现出来,餐台的色彩还不够协调。

(六)莲年有馀

主题名称:莲年有馀

奖次:二等奖

选手姓名:冯立文

参赛单位:天津城市职业学院

【主题创意说明】

台面以天津杨柳青木板年画为载体,通过一个怀抱鲤鱼,手拿莲花,童颜佛身的娃娃,寄托杨柳青人对天下朋友的淳朴情感,表达天津人对生活富足的祝愿与期望。莲年有馀是了解杨柳青,了解西青,了解天津的艳丽名片。

杨柳青镇,诞生于大运河、子牙河之间,以水为乳、以水为路,因一张古朴吉祥年画而名扬四海;杨柳青人传承并散播着含蓄内敛、精益求精的年画文化;杨柳青人汲取并传承着兼收并蓄、博采众长的运河文化。

天津,因河而兴,因海而盛;天津,走过昔日的富庶繁华,辩听历史的没落沧桑,才有今天的锐意进取、开放包容的天津精神,才有今天的经济腾飞和日新月异。

【设计元素解析】

莲年有馀的主题台面设计,采用蓝白相搭,一条蓝色装饰布为底,上面铺放白色台布。一条手绘的杨柳青年画作为桌旗,十副相同图案的椅套与之映衬,彰显出主题厚重的内涵。

台面中心装饰物以鱼缸作底,缸内五条金鱼游来游去,五条金鱼表达"五福"之意,杨柳青木版画寄托人们的吉祥愿景:寿比南山、恭喜发财、健康安宁、品德高尚和善始善终。同时,盛水的鱼缸代表大运河、海河、渤海,象征兼收并蓄,开放包容的天津精神。跃起的鲤鱼代表日新月异稳步实现经济腾飞的天津,鲤鱼口衔的杨柳枝代表西青杨柳青木板年画,象征对世界历史文化遗产的继承与创新。

桌牌号、菜单都是选用鲤鱼做背景,所有元素与主题环环相扣。

【完善主题设计意见】

台面用品较多,会显得有些杂乱,不够精致,台面中心装饰物高度偏高,遮挡就餐客人的视线。

二、以经典文学著作与历史故事为主题

能传承至今的文学著作和历史故事都折射出了经典的文化魅力。然而,这种文化又是悠远而厚重的。如何能使这些文学和历史的经典与现代餐饮相结合,便是摆在宴会设计者们面前的课题。若能契合得好,宴会用餐便成为一种高雅的文化享受;若契合得不好,并容易落下亵渎文化的话柄,也不能给宾客留下美的感受。《赤壁怀古》这个作品便是以三国文化为背景,以热爱三国文化的宾客为受众群体来进行宴会设计的。设计者用现代商场暗喻赤壁之战的战场,需要运用"和合"思想,学会沟通合作,把握机遇,达到"谈笑安天下,帷幄定乾坤"的境界,暗喻主人欲与主宾展开深度合作的诚意。作品不仅寓意悠远,在对三国文化的挖掘上也特别到位和细致,赤壁之战中的很多道具都设计成了餐饮的饮食元素,是文学与饮食的双重盛宴。

（一）赤壁怀古

主题名称：赤壁怀古
奖次：一等奖
选手姓名：付丽娜
参赛单位：南京旅游职业学院

【主题创意说明】

该主题选用的是历史渊源深远的赤壁之战。它的诞生是基于酒店中一位爱好三国文化的客人答谢具有相同爱好的好友，而请酒店专门设计的人文主题宴。

赤壁之战，不仅奠定了三分天下的鼎力格局，更蕴含丰富的历史哲理。其中的"和、合、义、谊"的文化精髓，对现代人仍然有重要的借鉴意义。在赤壁之战中，孙权和刘备审时度势、和衷共济、联合抗曹，最终成就了各自的霸业。当今社会，商场亦如战场，需要运用"和合"思想，学会沟通合作，把握机遇，达到"谈笑安天下，帷幄定乾坤"的境界，暗喻主人欲与主宾展开深度合作的诚意。

【设计元素解析】

色彩的搭配温暖而和谐。台面主色调以绛红色为主，配以金、黑、白的穿插运用，雍容华贵而又灵动活泼，既具有沉稳大气的王者风范，又不失亮丽活跃的现代之风，华贵而不庸俗、稳重而不沉闷。

　　主题造景采用赤壁之战作为主要元素。青铜虎头装饰的船头,营造出水战的氛围;主人与主宾前的围棋定式,寓意宾主双方联手破局的默契之心;城楼上围栏旁立起的战鼓,双面贴有著名剪纸艺术家创作的反映"火烧赤壁"和"草船借箭"两个典故的剪纸;鼓中的灯光和剪影,有中国传统皮影艺术的韵味;艺术插花起到软化桌面工艺品的效果,同时,也反映出操作者的业务水平。

　　布草的考究是本桌宴会设计水准的标志之一。绛红色桌布四角绣有青龙、白虎、朱雀、玄武四方神兽纹饰,并用黑色金纹镶边。椅套的设计与桌布呼应和谐。餐巾是选用赤壁中的九位代表人物的姓氏做成的战旗,一角图案为该代表人物所使用的专用兵器,这种独具匠心的设计希望激起爱好三国文化的客人的情感共鸣。织品四周均用青铜纹中的凤鸟纹装饰连贯,处处渗透着三国元素。

　　宴会餐具紧扣宴会主题。骨瓷材质的装饰碟,镶嵌有青铜纹路的装饰边,既富有传统韵味,又能满足高档商务宴请的需要;口汤碗以及味碟等瓷器都渗透着浓厚的汉魏风味;筷架以及席面羹选用镀金材质,卷口龙纹的造型,配以绛红色的桌布,显得极为华贵;三杯选用了与古代酒具"爵"酷似的现代水晶器皿,既合乎题意,又体现出现代感,使整张台面华贵而不沉闷。

　　虎符造型的席位名签,既契合主题特色,又满足现代高规格宴会礼仪的需要。

　　菜品的设计既考虑到成本因素的制约,又兼顾现代营养与中国饮食文化的搭配。每道菜品都有三国特色的别致名称,使菜品除基本的食用作用外,更富于彰显主题的功能。

【主题设计亮点与评价】

桌面所用陈设用材考究大方,符合出席宴会的上层人士的身份和高星级酒店的品质要求。餐中用品的使用,既渗透出三国文化,又考虑到现代人的用餐习惯和审美标准,这是一桌用现代人的审美来品味古代文化的视觉盛宴。整个台面的设计雍容大方,特色鲜明;用品使用细心周到;各个环节紧扣主题,又相得益彰,不失为古代文化与现代餐饮完美结合的佳作。

(二)红楼梦中人

主题名称:红楼梦中人

选手姓名:李鑫

参赛单位:黑龙江生态工程职业学院

【主题创意说明】

中国传统文学凝聚了华夏大地数千年的文明史,体现了中华民族深厚的文化底蕴,为中国乃至世界的文明贡献出浩瀚的典籍,创造出百世不朽的文化经典。而作为中国古代四大名著之一的《红楼梦》,则是中国长篇小说之中的巅峰,也是中国历史上最具影响力的古典文学作品之一。《红楼梦》不仅深受读者的喜爱,更以一部小说而成就一门学问——"红学",这在中国文学史上是前所未有的。该宴会主题以《红楼梦》这部经典文学为主线进行设计。

【设计元素解析】

整个宴席用深沉、厚重的基调来衬托中国古典文学的博大精深。

在色调上以黑白为主。黑色用来表达红楼文化的博大精深;而白色象征宝玉和黛玉纯洁美好的爱情。

为呼应主色调,选用以白色为主、配以金色花边的餐盘。

主题装饰物选择《红楼梦》中代表性的人物模型来作搭配,包括金陵十二钗中的史湘云、妙玉、元春和王熙凤。并把金陵十二钗其他人物形象做成的展板置于模型之间。

为了凸显本次宴会的主题,设计者在菜品的设计上做了大量文章,全部采用在《红楼梦》中出现过的菜名,包括:鹅掌鸭信、山药糕、火腿炖肘子、糖蒸酥酪、茄鲞、油盐炒枸杞儿、虾丸鸡皮汤、酒酿清蒸鸭子、奶油松瓤卷酥、绿畦香、椒油莼菜酱、五香大头菜。这种设计凸显《红楼梦》丰富的饮食文化。

【主题设计亮点与评价】

主题装饰物的设计过于零散,几个人物模型的搭配难以支撑厚重的《红楼梦》文化。布草和餐具在主题氛围的营造方面也有欠缺,主题文化有待进一步挖掘。

第三节　人文情感和审美意境类主题宴会设计典型案例分析

此类主题是借助餐饮的形式来表达人的情感意志,它关注的是人际间的情感表达和人的审美情趣,寓情于景,既给人视觉上美的享受,又能引起观者的情感共鸣。其主题设计的选取点有某种审美意象所寄托的事物、人的审美情趣、特殊的人际关系等。

此类主题可以细分为以下几种主题类型:

(1)以对具体事物的赞美为主题。

(2)以某种抽象的审美情趣为主题。

(3)以表达人际间的某种情感为主题。

在设计情感和审美类主题的过程中,对于氛围和意境营造的技巧要求颇高。如果这种氛围和意境能够与饮食相结合,那就是比较好的主题宴会设计了。如《醉秋》这个作品,它取自《红楼梦》中金秋品蟹的宴饮场景,立意体现品蟹、饮酒、赏菊、赋诗,将金秋的风流雅事集于一体,主题造景展现"撷姜布醋作道场,佐菊伴酒品膏黄"的一派江南好风光。

一、以对具体事物的赞美为主题

此类主题的立意为借对具体事物的赞美来表达某种心境。如对季节或季节性事物的赞美和感悟、对某一民族文化和事物的赞赏与喜爱、对某种趣味情景的咏叹等，设计者通过这种赞美来寻求自己情感的表达。如醉秋、冬雪、茶宴、蝶舞飞扬等主题都属于这一类。

（一）秋韵

主题名称：秋韵
奖次：三等奖
选手姓名：王琳
参赛单位：上海旅游高等专科学校

【主题创意说明】
秋韵，简短两字已表达出含蓄静谧、幽幽淡淡的金秋景色。天高云淡、秋高气爽，透露出秋独有的空灵，诠释出秋独有的境界。秋季，天格外的蓝，地格外的阔，心格外的静。没有春天的慵懒娇艳气，也没有夏天的热烈浮躁气，更没有冬天的肃杀孤峭气。秋天经过了舍弃和沉淀后，没有了矫揉造作，抛弃了繁缛琐碎，余下的只是大地河流原朴质真的风骨，经历了孕育、磨砺而获得淡定和从容，这是秋独有的韵味。也便是为何看惯了春之清新，夏之灼热，冬之静穆，而有人对秋偏偏情有独钟的原因。台面上，秋韵的主题，设计者通过巧妙的构思，将观者引入天高云淡，最灿烂而又最宁静的韵味中。

【设计元素解析】
台布选用金黄色，这是秋的颜色，释义大地遍布黄金。金色尽头是丹霞，是枫林，是地平线上那秋色无边，所以这次的装饰布以红色为底色，覆以金色台布，象征云天之下金灿灿的稻田，象征人们对秋实、收获、富足的期盼。

餐具选择白色，围绕在台面的周围，好似天边的云朵，身未动，心已远。在成熟的气息中，思绪早已随风而起，悠闲地散落在天际的云端，俯瞰大地，更仰视繁星闪烁的苍穹。

桌面中心装饰物以插花形式体现,诠释秋季大地的繁荣景象、将天高云淡的秋韵引入台面。插花是围绕秋季的星空来设计,底色为深蓝,代表星空的静谧。巧用竹条变成圈形的支架,形成星空中的轨道,上面装饰黄色和紫色的马蹄莲和蕙兰,代表太空中运行的星星。圈的中心是向日葵和绣球做成的月亮,那是无垠天际中沉醉了无数文人的秋月。最后在深蓝色的底板上撒上满天星,代表星系中其他不知名的星球,是辽阔无边的想象。

"秋韵"的台面设计,希望带给人们视觉、听觉、味觉兼顾的盛宴,孕秋于宴,旨在观秋、赏秋、闻秋、品秋、颂秋。

【完善主题设计意见】

主题表现还不够充分,菜单、桌号牌的尺寸对比台面显得稍大,不够精致。

（二）醉秋

主题名称:醉秋

奖次:一等奖

选手姓名:姚云

参赛单位:南京旅游职业学院

【主题创意说明】

《红楼梦》第三十八回描述到"金风送爽,桂子飘香,菊黄蟹肥,吟诗作唱。大观园的公子小姐们在海棠起社、初斗清新后,即由史湘云作东,按薛宝钗的意图,邀请贾母等人在藕香榭观赏桂花,并大摆螃蟹宴,然后赋菊花诗,作螃蟹咏"这一幅颇有趣味的宴饮场景,也正是江南人家金秋品蟹的真实写照。

现代人忙碌中渴望得以休闲,而休闲中又追求品质的享受。该宴会是为品蟹季节中欲放松心境,享受美味的客人所设计。

美食家苏东坡曾说过:"不识庐山辜负目,不食螃蟹辜负腹。"看来螃蟹真是色、香、味极佳的美食。尤其是在秋意甚浓的季节,肥美的螃蟹更是让人垂涎三尺。该餐台面正是以"醉秋"为主题的蟹宴,表现出浓郁的江南秋意,在江南的水汽弥漫中展现家人、朋友相聚的团圆、和谐的主题。

【设计元素解析】

宴会设计的立意体现品蟹、饮酒、赏菊、赋诗,将金秋的风流雅事集于一体。螃蟹作为贯穿整桌宴会的亮点处处体现,餐盘上镀金的小螃蟹装饰体现的是生活乐趣,主题造景中攀爬在背篓上的螃蟹体现抓蟹的乐趣,菜肴上来后酌饮黄酒并品味螃蟹的美味是尝蟹的乐趣。

本台面正中主题造景展现"擂姜布醋作道场,佐菊伴酒品膏黄"的一派江南好风光。螃蟹有腥味,要趁热吃,并因其性寒,最好作佐酒菜肴。用煮熟的螃蟹攀爬在蟹篓装饰物上,既表现捕蟹的乐趣,又生动点题,增进宴会客人的食欲。

清代才子袁枚有诗云"美食不如美器"。的确,螃蟹虽鲜美甘腴,精美的蟹具更值得赏玩,若用的优雅和恰到好处,更能衬托出品蟹这一雅事。本宴席的餐具体现出江南的柔情精雅,使人沉浸在文化江南的风流雅致之中。

淡绿色的台布上提花印染着满菊的花纹,淡雅中散发着深秋的富实。淡黄的椅套和餐巾与淡绿的台布交相呼应。

【完善主题设计意见】

通过蟹宴,表现出浓郁的江南秋意,主题表现几近完美。

(三)春色

主题名称:春色

奖次:三等奖

选手姓名:田木

参赛单位:北京经济技术职业学院

【主题创意说明】

春天像童话中的仙女,迈着轻盈的步子来到人间,那片生机的景象便随之来到四面八方,整个世界像刚从一个漫长的睡梦中苏醒过来。柳树舒展开了黄绿嫩叶的枝条,在微微的春风中轻柔地拂动,像一群群身着绿装的舞者在翩翩起舞。

春天,万物复苏,大地变绿,衬托着充满生机的色彩。微风吹来,那清新的花草气息和泥土的芳香,沁人心脾。深深呼吸,都会感到无比清新与畅快。

春天是一个富有生命力的季节,也是一个美丽、神奇,充满希望的季节,即将毕业的学子,在老师和父母的细心呵护下,健康茁壮地成长,在他们身上寄托着老师和父母的希望,他们也准备好了,用青春和激情来回报老师、父母,为社会作出贡献。

【设计元素解析】

中心的装饰物是由山石、绿草组成的山水自然风景,湖面泛起一丝丝的涟漪,那是微风拂过的印记;这是一片宁静的湖水,湖里面机灵的小鱼也为这春色注入了灵动,加之湖边青草和泥土的气息,好一个春色的味道……

椅子顶端用的是绿色装饰,用来比喻树木抽枝发芽,象征大自然孕育的新生命,就像即将踏向社会的学子一样,充满朝气。

台布和装饰布选用绿色,象征春回大地,满眼的新绿。口布选用粉色,意用新鲜的"新芽"装点大地,从而点缀出春色的韵味。

【完善主题设计意见】

主题表现还不够充分,在色彩搭配上要再协调一些。

(四)冬雪

主题名称:冬雪

奖次:三等奖

选手姓名:谢玲华

参赛单位:上海旅游高等专科学校

【主题创意说明】

雪,以冰冷的姿态立于人世,却以温柔的心爱着万物。梅,以骄傲的姿态在凛冽的寒风中怒放,却清香艳丽,沁人心脾。雪花与美化——自然界的天作之合,两者相映成辉,相似相融。

冬季以自己的方式爱着大自然,如果说春季是生机勃勃的,那么孕育生机的冬季是不是更加博大而可爱呢? 如冬之爱,宽厚地爱着众生,献出自己的热情,感化他人,孕育生命。

设计者以冬雪为主题来抒发自己对冬季的歌颂,借以表达对生活和生命的热爱。

【设计元素解析】

极具立体感的中心艺术品的设计,是该主题的一大亮点。设计者在该主题中用各种手段来展现淤积待发的生命力。两层一系列的木质藤圈包围在底座外面,犹如白雪为大地换上的银装。错落有致的松针、松球、西伯利亚百合、唐棉蓬莱松等冬季特有的花草矗立在藤圈上。白绣球,远处观来,片片花瓣犹如散落的雪花,纯洁美丽、晶莹透亮。底座中少许的枯枝叶,零落、自然地横斜在那里,即使是大雪压弯了枝干,但只要细细观察,最贫瘠的地方也依然会有生命在勃发。

底座上端树立的酷似鸡尾酒杯的玻璃器皿,像一座需要攀登的高山,那细细的杯身就是需要艰难探索的上山小径。艺术品顶端环绕着洁白的铁炮百合、大花蕙兰、酷似梅花的兰花,营造寒冬料峭的美感。杯口众花的中心包围着的是一个鸟窝,这里插放着两只天堂鸟,寓意两只鸟相互依偎共度寒冬。而鸡尾酒杯中的黄酒,又是冬天里的一股暖流。

台面色彩对比鲜明,白色桌布寓意冬季的银装素裹,而红色的餐巾与餐椅却热烈奔放,给人一种冬季蕴含强大生机的提示。

瓷器上的一抹红色,蜻蜓点水般,既映衬主题,又不添一丝凌乱,恰到好处。

《苏生》是菜单的主题,封面上的画面是寒冷的雪地里冒出的一株嫩绿的小芽,它稚嫩的身躯对抗着强烈的寒风,却依然破土新生,向世人传递着生命的力量。菜品在选取上采用的食材大部分是冬季养生菜品,但又注意款式和颜色的搭配,给人传递烂漫春天已不远的信号。

【完善主题设计意见】

中心装饰物是亮点,装饰物的高度容易遮挡宾客用餐时的视线,欠缺椅套影响了台面效果。

(五)蝶舞飞扬

主题名称:蝶舞飞扬

选手姓名:郭雅楠

参赛单位:太原旅游职业学院

【主题创意说明】

作为一种象征物,中国文化中蝴蝶的意象如同精灵一般飞舞在中国文化绚烂的花园中,将自身的生活属性与自然风物,与人的审美心态、社会的文化观念融为一体,形成了丰富的文化特质。

本次宴席的设计者力求在演习中展现中国文化的博大精深和浓郁的人文情怀,希望让宾客在品尝中国美食的同时,感受中国文化的魅力。因此,选择既为大家所熟知,又有深厚中国文化内涵的蝴蝶为主题。

【设计元素解析】

桌中装饰物为缤纷绚丽的春之花园造景。主要由翩翩起舞的蝴蝶,可爱的蝴蝶仙子及蝴蝶兰、满天星、高山羊齿、蓬莱松等绿色植物组成,蝴蝶嬉戏其中,蝴蝶仙子驻足流连,扑面而来的春天气息,为生活与繁忙都市中的人们带来清新的田野之风。

布草选用淡绿色带有花纹的装饰,底部配以纯白色的台布,以突出亮丽之风。

椅套选用乳白色为主题的布料,配以绿色的装饰纱,色彩清新、雅致。

餐具使用光洁精美的白瓷,上有绿色蝴蝶兰叶的图案,如同"白银盘里一青螺"般赏心悦目,与主题契合度颇高。

口布选取与椅套一致的乳白色。折花以鲜花造型为主,使整个台面显得春意盎然,给人以希望。

菜单款式的设计凸显现代感,以台式菜单为载体,上辅蝴蝶和着乐曲翩翩起舞的图案,彰显主题。

【完善主题设计意见】

蝶舞飞扬,主题的浪漫色彩为就餐者营造轻松愉悦的就餐心情。整个台面的设计与主题很契合。

(六)茶宴

主题名称:茶宴

选手姓名:孙萌萌

参赛单位:天津城市职业学院

【主题创意说明】

茶,是中国文化中的经典元素。茶,南方嘉木,大自然恩赐的珍木灵芽。茶之香、茶之味、茶之色、茶之韵、茶之性,衍生出精美绝伦的茶宴。一席茶宴,既能吃出营养健康,又能修身养性,获得身心冶荡的精神体验——静、雅、真、怡、和。该设计者以茶为主题进行宴会设计,在引导人们享受生活的同时,倡导绿色和低碳环保的生活理念。

【设计元素解析】

在布草的选用上,设计者注重低碳养生理念的铺垫。采用白、绿、黄(纯麻布)相搭,白色装饰布打底,淡绿色台布铺设台面,并用纯麻桌旗进行点缀,淡绿色餐巾、淡绿色台布和纯麻布的筷子套协调一致。

中心艺术品为茶室一角,精致的茶艺用具、凌乱摆放的茶叶、活灵活现的仙鹤木雕和绿色的植物为人营造出一种恬淡的生活情怀,充分发挥茶在调解人们生活中的作用。

为配合主色调,选用绿色绣边古瓷餐具。

茶宴菜单、茶宴的主题说明书和主题牌的背景均为绿色的茶园图案,并选择茶具等构造图景,使所有元素与主题环环相扣,相得益彰。

【完善主题设计意见】

为配合低碳环保主题而选择亚麻布草,但是在质地上过于柔软,使台面显得不挺括。主题装饰物在营造场景的过程中起到了重要作用,但是物品过多而显得台面有点拥挤和凌乱。

(七)青花·国风

主题名称:青花·国风

选手姓名:刘家乐

参赛单位:陕西青年职业学院

【主题创意说明】

该主题宴会以宣传中国传统文化为目标,以中国瓷器为载体,以中国古乐为背景,以中国元素的完美融合、集中迸发为突破点,力争将多种典型的中国元素在宴席上得以彰显和展示。从"形、声、色、味、触、感"全方位感染宾客,激发他们的中国文化情结。宴会通过对典型中国传统文化元素代表的精心设计、合理布局,激发宾客对中国元素的认同感。

【设计元素解析】

布草上选用圆形装饰布与方形台布、服务员白底青花服饰与周边环境为一体,呼应中国传统文化中"天圆地方、天人合一"的思想。将青花瓷的青花纹饰运用传统刺绣工艺和针法,展示与台布、餐布、筷套、椅套等物品上,来展现中国刺绣的美轮美奂。

中心艺术品以白、蓝为主色调的梅花瓶中插入的红色梅花代表中国文化中"虚怀若谷、傲雪独立、隐逸淡泊、坚贞自守"等人生哲学。

全餐具采用中国瓷器中的佼佼者——青花瓷来展示中国悠久隽美的瓷文化。

酒里乾坤大,壶中日月长。中国的酒文化历史悠久、内涵深厚,宴会用的酒选择大曲酱香型白酒鼻祖中国茅台青花瓷系列,与宴会其他元素相得益彰。

中国是世界闻名的茶乡,也是世界上最早种茶和饮茶的国家。宴会用茶为我国第一名茶西湖龙井,容器选择青花瓷茶壶,力争和谐一致。

熏香源于古老的宗教信仰,在中国可以追溯到西汉时期。宴会现场设计者拟在青花瓷熏香炉中添一抹淡淡的檀香来营造宴会气氛,令人们更加平静淡泊、宁静致远。

【完善主题设计意见】

布草、餐具以及主题浑然一体。中心艺术品的选择和设计过于单一,美感不足。

(八)春水

主题名称:春水

选手姓名:何阿玲

参赛单位:上海旅游高等专科学校

【主题创意说明】

沐浴着早晨自参天大树的枝杈间流泻下来的暖阳,使人的思绪沉浸在无边的遐想中,栖息在林间的飞鸟,在枝头啾鸣着欢歌,提醒着滞留的脚步。而那一片傍水而生的树林,虽然历经岁月风霜,却依然郁郁葱葱,勃发出无限生机。树丛中的绿意,虽没有迎春花敏锐的觉察力,也没有牡丹华丽的容颜,但其寓意着母亲伟大无私的爱。远处沙滩上深深浅浅的脚丫,似乎是人们为迎接春的到来而留下的杰作,摒弃冬天的寒冷,扑进春天的怀抱,享受海浪温柔的爱抚,贝壳此刻也已懒懒地躺在沙滩上。蓦然回首处,堤岸的绣球犹似吐气如兰的天女下凡,在晨风里婀娜起舞;碧蓝的湖面上,蒸腾的烟霭早已隐去,碎金般的阳光,亲吻着平静的湖面;夏日的睡莲也在湖面上悄然绽放,重重叠叠,水的柔性足以滋润她的肤色,水的包容也足以滋养她的安然;春水的温暖让鱼儿忘记了躲避人类捕捉的烦恼,在莲间花畔自由嬉戏。

【设计元素解析】

蓝色的桌布和水面相结合,形成蓝色湖面;沙滩用形象的藤条表示,从视角上可以表达由近及远的那种低低高高的视觉感。沙滩外围是稀疏的树木和花花草草,其中我们用代表纯洁的百合和代表母爱的康乃馨来表达母爱纯洁伟大。

【完善主题设计意见】

主题表现还不够充分,中心艺术品稍显杂乱。

(九)春意融融宴

主题名称:春意融融宴

选手姓名:陈丹红

参赛单位:中州大学

【主题创意说明】

春天是万物复苏的美丽季节,选手由此而联想到我们当下的生活方式正在破坏着春天的美丽。我们在渴望温和明媚的阳光、绿草如茵的大地的同时,更应该爱护我们生活的环境,爱护大自然,留住属于人类的"春天"。

该主题以春天为主线,通过对台面的各种装饰和菜品的设计来表达对美好季节的期盼和对环境保护的呼吁。

【设计元素解析】

桌中装饰物为一创意花束造型。中心花束由白色的玫瑰、绿色的康乃馨,以及翠绿的钢草制作而成,寓意对魅力大自然和恬静生活的向往。花束上方为一对和平鸽造型,代表作为人类信使的和平鸽会把人类期待美好生活的愿望传递出去。

布草的色彩干净、新丽。底布选用淡淡的草绿色,洁白的台布边缘用一圈绿色点缀,整个台面充满清新之气。椅套的设计与台布手法相同,白色为主体,在椅背以及缝隙结合的地方均有绿色做点缀。

绿色绣边的餐巾折成扇形,活像一只只畅游在纯水中的鸭子,好一幅"春江水暖鸭先知"的春趣图。

瓷器选用骨质瓷,细腻温婉,配以清新、淡雅的白绿色花饰,与台面的气质贴合自然。

菜单也用极其清新自然的绿色树叶图案为背景,制作成三折的立体造型。菜品按低碳、环保、健康、绿色的要求进行设计,尽显整个台面"回归自然,崇尚绿色"的创意。

【完善主题设计意见】

该主题借对春天的歌颂来传达对自然的热爱和对环保的提倡,立意深远。主题装饰物制作新颖。

二、以某种抽象的审美情趣为主题

这类主题是对虚拟类审美情趣的表达,与对具体事物赞美类的主题不同,它更倾向于表达设计者的某种审美倾向和情感意志,注重情感的抒发,而不仅仅是对事物的赞美。如《茶趣》,它强调的是品茶的趣味性,以及对茶文化的感悟,而不仅仅是《茶宴》中对茶的喜爱;又如《青花韵》,它渲染的是通过青花瓷所表现出来的一种生活态度,而不是《青花·国风》中表达的对国学文化的赞美。

(一)茶趣

主题名称:茶趣
奖次:二等奖
选手姓名:丁俊丽
参赛单位:中州大学

【主题创意说明】

中国是茶的故乡,是世界上最早发现茶、利用茶,实现茶叶商品化的国家,唐代陆羽所著《茶经》一书是世界上有关茶的第一本专著。作为一种饮品,受到国内外大多数人的喜爱。人们常说:开门七件事,柴米油盐酱醋茶。茶作为风靡世界的三大饮品之一,是中国对世界的贡献。在漫长的历史长河中,它是相互交流的友好使者,它是修炼身心的良方;它超凡脱俗,引人入胜;它如歌似曲,令人陶醉;它闪烁着灿烂的东方文化,令人神注。

可谓"君子之交淡如水",更可谓"以茶会友,天长地久"。

【设计元素解析】

台面以深咖色布草为底台,配以米白色并镶有深咖边的台布,淡雅但不失韵味。桌面中心装饰物以兰草、跳舞兰、勿忘我以及竹子组成盆景,兰草清新、高雅,跳舞兰热情、活泼,竹子姿态端秀,古色古香的茶架上配着精致典雅的紫砂壶,两位老人围坐在棋盘边对弈,旁边小茶碗里飘着缕缕的茶香,这一切组成了一幅美丽温馨的画卷,寓示着人们渴望离开喧嚣的城市,回归自然,享受恬静生活的期盼。

餐具选用白色骨质瓷,质感细腻,光亮度高,并饰以水墨图案,高贵中透以韵味。菜单用折扇的形式表现,折扇是文人雅士的必备之物,借折扇之形显高雅之意,为主题增色不少。

该作品以茶为主题展开设计,个性彰显,内涵丰富,在经营管理过程中可以起到传播茶文化的作用,推进经济效益和社会效益全面增长,在酒店的实际经营中极具推广价值。

【完善主题设计意见】

正、副主人位椅套外加放装饰布,起到一定的点缀效果,但直接搭放在椅背上,在客人就餐过程中会经常滑落,造成不便。台面中心装饰物不够集中,在台面上稍显杂乱。

(二)青花韵

主题名称:青花韵

奖次:三等奖

选手姓名:付慧梅

参赛单位:太原旅游职业学院

【主题创意说明】

"素胚勾勒出青花笔锋浓转淡,瓶身描绘的牡丹一如你初妆……",宛然一出烟雨朦胧的江南水墨山水,水云萌动之间依稀可见伊人白衣裙带纷飞。中国瓷器文化拥有上万年的历史,在众多瓷器品类中,最出类拔萃的非青花瓷莫属。它不仅仅是一种传统的陶瓷表面装饰的方法,更是一种由古代历史沉淀下来的传统文化。除此之外,青花瓷还有一系列"隐喻"之意,古时候的读书人希望"青出于蓝而胜于蓝",走上仕途后便有"青云直上"的愿望,渴望做一个受人民爱戴的"青天",甚至在卸甲归田之后,还希望能够"名垂青史","青"在当时士人心中分量可见一斑。

该作品取名"青花韵",意借青花瓷描述古今。青花瓷如同一首诗歌,吟唱千载,回味无穷;青花瓷如同一泓清泉,令人神往,物我两忘。品味青花瓷,碧海蓝天,犹如徜徉在中华文化的历史长河之中,青花瓷所体现出的历史价值、文化价值、科学价值和艺术价值永远值得我们去珍惜与探寻。

【设计元素解析】

餐台中间童子闹春镂空图案的青花瓷是台心设计的重要元素,辅以笔架、笔筒等青花瓷物件,使主题显得更加饱满。青花瓷瓶里插上梅花,起到画龙点睛的作用。梅花,素雅但不清寒。而且,梅花又名"五福花",象征快乐、幸运、长寿、顺利和太平,可以借此向客人表达美好的祝愿。台中心的水银镜子起到点缀的作用,使瓷瓶的色泽更加明亮。零星点缀的红色玫瑰花,使台面变得活泼,也营造了喜庆氛围。

该作品选择蓝色装饰布,上配以白色台布,色彩和谐,与青花瓷餐具的青白呼应,突出主题。在餐具的使用上,选择精美的青花瓷餐具,并饰以"九重春色"图案,寓意无限春光长留人间。

【完善主题设计意见】

花瓣点缀出台面意境,起到很好的装饰效果,但不宜过多,椅套材质稍差。

(三)蝶恋花

主题名称:蝶恋花

奖次:二等奖

选手姓名:苏娜

参赛单位:成都职业技术学院

【主题创意说明】

"千林扫作一番黄,唯有芙蓉独自芳;蝶舞花香百年好,举案齐眉爱深长。"蝶,飞舞的美丽翅膀,明若的灿烂光芒。恋,誓约今生的情歌,荡气回肠的佳话。花,含苞待放的幽香,天府奇葩的绽放。当彩蝶邂逅娇美的芙蓉,蝶花之爱盛世传唱。该作品主题意境取自于此,描绘美好的生活。

今天,绿色消费已成为一种生活时尚,年轻一代已褪去昨日生活的浮华,不再拘泥于传统婚宴的形式,展示高雅个性,追求田园情怀。"蝶恋花"为当下的新婚宴尔,创意出独具现代餐饮文化特色的主题婚宴。

【设计元素解析】

本台面创意以绿色为主色调,既符合新人绿色婚礼的意愿。又给来宾以清新、淡雅之感。台布主位一侧绽放的芙蓉,妩媚而不失庄重,绚丽而不失高雅,与之交相辉映的是椅套上缤纷的彩蝶,营造出主题宾会台面丰富的层次感。

精美的白瓷餐具寓意吉祥,碟、碗上的同心圆象征幸福美满,祈愿新人永结同心。餐碟上艳丽芬芳的芙蓉花象征一生的富贵与荣华,预示新人"花舞彩蝶心相映,蝶恋花香伴此生",而芙蓉花旁的双飞彩蝶寓意新婚宴尔的比翼齐飞。餐碟下镶嵌绿叶的装饰盘,与芙蓉花交相辉映,富有蜀国风情的"九斗"汤碗,在时尚与民俗之间形成了独特的地域文化之美。白瓷长柄匙跳出了传统的金器、银器之束缚,匙底彩蝶双飞的图案设计,更与整体餐具相得益彰,象征新人天长地久的爱恋之情。与台底布同一色调的餐巾折花,在清新、简约的台面中,不失主题婚宴的隆重与端庄。晶莹剔透的水晶杯,既是新人纯洁、永恒爱情的见证,也是整台主题婚宴高雅品质的展现。

餐台中央的连理枝绽放出象征纯洁爱情的蝴蝶兰,似花似蝶悄然盛开。高低错落的圆形花器营造出清新、淡难的芬芳之美,似一生一世的缠绵爱情。粉色的芙蓉花球意为西式婚礼中的新娘捧花,更为中华民族传统的爱情信物"绣球",单叶龟背化为芙蓉绣球的羽翼,一对相遇的情侣,怀着对爱情美好的期许而永结连理。

【完善主题设计意见】

台面布草颜色不够协调,影响到台面的视觉效果。

（四）东方莱茵河之梦

主题名称：东方莱茵河之梦

奖次：三等奖

选手姓名：李文静

参赛单位：湖南工程职业技术学院

【主题创意说明】

这是一条古老的河流，自南向北，一路流淌，这就是湘江。她孕育出厚重的湖湘文化，寄托着无数仁人志士崇高的理想。这是一条年轻的河流，清晨的阳光勾勒出鳞次栉比的城市群轮廓，一川碧流映出两岸画廊，两岸的人们增强生态经济建设的雄心，恰似滔滔江水，波澜壮阔而又百折不回。2010年，湖南省委提出了"要把湘江流域建设成为地方经济发达地区，文化繁荣地区，生活宜居地区。要使湘江真正成为一条流淌文化的河流，流淌哲学的河流，哺育新时期人才的河流"。该作品以此为背景展开。

【设计元素解析】

银色立体花朵图案的餐桌底布，象征治理前的湘江环境，用以警醒世人重金属污染的严重性。白色面布、绿色草垫拼图代表现阶段我们治理污染的巨大决心与强大动力。

　　台面正中的6个S形玻璃缸组成蜿蜒的两条流向一致、里程一致的河流,其中一条代表莱茵河,另一条象征湘江。四个方形玻璃缸里盛放着曲线叶边的山苏叶,象征通过治理后的莱茵河与湘江,河水清澈,鱼翔浅底,重现"皓月千里"的秀美画卷。玻璃缸组勾勒成一个甲骨文的"水"字造型,寓意"水"的治理,同时讴歌"水"的品格——"上善若水"、"利万物而不争"。上端的"母亲木雕"则象征湘江母亲河哺育了数以万计的三湘儿女。借绿掌、白色蝴蝶兰来表达我们对母亲河纯洁的爱;用长沙市市树樟木架起的造型不仅代表湘江上的桥梁,更寓意湖南借鉴莱茵河治理经验架起的友谊桥梁;樟木上插的白色蝴蝶兰像一叶风帆,寓意湘江治理的"东方莱茵河之梦"正朝着"环境友好,资源节约"的科学发展理念扬帆远航。

　　绿色的餐巾折花代表环保治理所带来的硕果。镂空花的精美餐具体现公务宴请的高规格,纯洁的白色椅套上围绕绿色丝带,丝带上的绿色蝴蝶结与白色蝴蝶兰的结合更强烈地体现环保和生态理念。台签、菜单、筷套、牙签套以湖南省花荷花和湘江流水为背景,表示三湘儿女热情好客,喜迎嘉宾。

　　【完善主题设计意见】

　　台面中心装饰物偏高,会遮挡客人视线。

（五）清水涟漪——君子宴

主题名称：*清水涟漪——君子宴*

奖次：三等奖

选手姓名：王丽

参赛单位：海南经贸职业技术学院

【主题创意说明】

莲，出淤泥而不染；莲，濯清涟而不妖；莲，可远观而不可亵玩。古往今来，多少文人墨客钟情于这圣洁而高贵之花，而这花又见证了多少不为权势摧眉折腰的隐士。所谓大江东去浪淘尽，多少风流人物，清水涟漪——君子宴，为您铺开华夏文明千年之旅。

【设计元素解析】

台面的正中央，矗立着一个椭圆形的水晶瓶，晶莹剔透，这与坦荡的君子形象不谋而合，而那圆润光滑的外形又如君子宽广的胸襟。水晶瓶中悠游自在的小叶子，轻轻荡漾，一派怡然自得。由下而上的百合，幽幽地为我们讲述"无案牍之劳行，唯丝竹之悦耳"的惬意。在层层的百合中间是根根笔直的钢草，正是君子刚正而坚韧的写照。

　　绿色的桌裙、米色的桌布、翠色的桌旗,一眼望去清清淡淡,给人以飘逸之感。而盘中绿色的盘花,好似一把把扇子,与对面通明的三种杯子遥遥相对。

　　台上是白底青莲的餐碟,方方的底碟,圆圆的展示碟,高贵而又清雅、别致。而盘中稀稀沥沥地散落着几根清脆的玉竹,羽世而独立。如玉的筷架、银色的筷子、绿色的筷套,相得益彰。餐盘的前方是四角翘起的味碟,好似一只小舟,迎风扬帆,乘风破浪。

　　墨绿的菜单立于正、副主人位的两边,好似两只拔地而起的翠竹,为君子送来"前程似锦,节节高"的美好祝福。而菜单的背面,绘以佩玉纹饰,赋予君子身清玉洁的气质。轻轻翻开,美味佳肴便开始蠢蠢欲动。

　　【完善主题设计意见】

　　装饰底盘尺寸稍大,会影响台面效果。

　　(六)胜日寻芳

主题名称:胜日寻芳宴

奖次:三等奖

选手姓名:吴婷婷

参赛单位:安徽财贸职业学院

【主题创意说明】

"胜日寻芳"宴是一款以春日美景为主题的作品,方寸之间浓缩了季节之美,小小的餐台彰显文化特色。设计者精心营造,在瓷盘的小天地中塑造了山水之景,幽静的溪畔芳草茵茵,山涧兰花丛生,一派生机盎然的景象;此时鲜花命名的美味佳肴,淡雅、别致的书签菜单,匠心独具的设计令人回味。台面上,暗香浮动,动人的春光扑面而来,令人陶醉其中。

宴会主题"胜日寻芳"来自南宋理学家、诗人朱熹《春日》中的诗句,"胜日寻芳泗水滨,无边光景一时新。等闲识得东风面,万紫千红总是春。"诗人用简洁的词句描绘了春天百花开放、万紫千红的景致。宴会主题围绕"寻芳"来营造气氛,通过宴会台面物品的合理摆设和装饰设计、宴会菜品搭配、菜单创意设计,为宾客营造出既有文化底蕴,又有时尚气息的就餐氛围。

【设计元素解析】

"胜日寻芳"台面的中心艺术品采用插花与造景相结合的手法来设计,让客人在用餐过程中体会悄然而至的春意,中心艺术品底座选用中国传统的青花瓷白盘,方寸空间体现无限的自然风光。盘中一角摆放了高低参差的假山,山间亭台楼阁隐现,山谷中两位老人对弈正浓,仿佛是隐逸在此处的世外仙人;不远处有曲水流转,兰花丛生,一派静谧、和顺的春日胜景跃然眼前。

围绕设计主题,装饰布和台芯选择粉豆沙色和浅象牙色的组合,面料光泽感强,再点缀上明暗有致的百合花造型,色彩明丽、清新,不仅与主题、氛围融合,还很好地突出了台面。餐巾与装饰布由同色系的面料制作而成,折叠出别致的花卉造型,增强桌面布件的艺术美感和协调性。

椅套选择与装饰布同款质面料,盈盈的青绿色暗合"寻芳泗水滨"之意,使整个宴席主题突出,显得气氛庄重又不失现代时尚感,色彩丰富而不失传统的古典雅致之美。

"胜日寻芳"作为中餐宴会主题,富有传统文化特色,因此,摆台选择比较高档次的骨瓷餐具和透明感强的水晶杯。餐盘、汤碗、汤勺、筷架在白色釉面上印了朵朵盛开的桃花,使得餐间花影摇曳,在举杯换盏之间,处处寻芳,意境优雅。

"胜日寻芳"宴会台面,文化氛围浓厚,菜单设计需要彰显宴席时尚又传统的风格,设计者别出心裁地将菜单设计成书签,如令牌状,插入瓷罐内,衬以各色春花,既有春的气息,又体现"寻芳"的乐趣。这款宴席中与众不同的书签式菜单设计令人耳目一新,为席间增添了一份雅兴,使宴会更显活跃,从而显现出一番独特的情趣。

【完善主题设计意见】

主题表现还显欠缺,中心艺术品设计较简单。

（七）海境界

主题名称：海境界

奖次：三等奖

选手姓名：陈钰

参赛单位：深圳职业技术学院

【主题创意说明】

从上海世博会的海宝，到深圳大运会的海之门，人们对大海的向往和对大海精神的崇拜从未停止过。而设计者居住在沿海地区，对大海有一种别样的情感，他认为大海博大、容忍、平静的境界是引导人们热爱生活的动力之一。因此，通过对宴会各个环节的设计，希望能呈现一种身临其境的海的环境，不仅追求形似，更注重深思，旨在引发人们对大海的哲学性思考，通过品海鲜，看海景，体会海的各种情怀。

【设计元素解析】

在主题装饰品的选择上,设计者弃用了常规的装饰物——帆船,而代之以跃出海面的海豚工艺品,以渲染"天高任鸟飞,海阔凭鱼跃"的远大胸怀。海豚下面的底座,选用了蓝色圆盘、贝壳,以及一些水晶物品来营造海底世界的画面。纯净的蓝色与跃出海面的海豚的红色形成反差,对比鲜明,恰当地装点了台面。

整个台面以沙滩白和海水蓝为主要基调。底部选用了深蓝色,以诠释大海的深邃,白色的装饰布一如海面泛起的白色波浪。整个台布质地华贵,并带有亮色的暗纹,提升了整个台面的规格。

浅蓝色的餐巾布,折成简单大方的船形,不仅将大海的气息带给每一位宾客,更将乘风破浪、一帆风顺的美好祝愿全然表达出来。

椅套选用与桌布搭配的白色,装饰上蓝色的薄纱,色彩和谐,清新、自然。

蓝白两色搭配的餐具和酒杯,与主色调保持协调一致。

筷套和牙签套选用大海的图片,以期从细节上营造海的氛围。

菜单在呈现形式上采用风帆造型的菜单牌,配以醒目的蓝底黑字,使宾客在较为暗淡的灯光下也能一目了然。菜品的选择以突出广东特色的海鲜为主,又注重绿色养生的饮食趋势。菜名紧扣海境界的主题,既有带给人们无限遐想的"渔舟唱晚",也有抒发海洋博大精神的"海纳百川",菜肴和菜名搭配得相得益彰。

【完善主题设计意见】

"海境界"的选题突破常规,视角独特,寓意深远。主题装饰物的选择虽然突破常规,但也不免有些过于简单,只突出了拼搏的海精神,而对于其他境界的诠释则比较薄弱和欠缺,如果对主题装饰物的展现作进一步的挖掘,海境界的主题才会得到更加完美的呈现。

三、以表达人际间的某种情感为主题

这类主题表达的是人间的情感,多以对父母和师长的感恩、对友谊的歌颂等为切入点。

(一)老父如山

主题名称:老父如山
奖次:三等奖
选手姓名:潘哲
参赛单位:浙江商业职业技术学院

【主题创意说明】

该主题设计以父子情为主线,体现父亲山一般的伟岸,表达稚子对父亲的依靠、崇拜和敬畏。每个人的心中都有一个伟岸的父亲。父亲总能遮风挡雨,总能挺立在孩子面前,总在泰山崩于前而不惊,总是可以承担其生活的全部重量,他像山一样的伟岸、高大和挺拔,像山一样的无畏和无惧,这大概是孩子心中的父亲。本台面以此为主题线索进行设计和创意。

【设计元素解析】

台面中心装饰物选用龙泉瓷的圆形玉色底座,配以深色假山凸显老父亲的山一般的寓意形象,以自然山居生活为中心,悠然、闲适的环境与山面融为一体。在插花的花材使用上,选用天堂鸟、黄金球和向日葵,同时配上枝叶,高低错落,使台面精巧、雅致。

餐具选用浓重的深色调,凸显父亲这一形象在生活中的厚重。玉色筷架与中心龙泉青瓷形成呼应。筷套和牙签套表面分别印有"老父如山"四个字,给人以清晰的暗示和视觉冲击。布草选用米黄色桌裙配以浅灰色台布,庄重深沉。口布选择白色和银色口布环,能与主题呼应。

【完善主题设计意见】

该餐台主题寓意深刻,但在表现上还比较单薄。

(二)父爱年轮·孝行天下

主题名称:父爱年轮·孝行天下

奖次:二等奖

选手姓名:曲晓璐

参赛单位:青岛酒店管理职业技术学院

【主题创意说明】

有一种记忆可以很久,有一种思念可以很长,有一双手,那手心的温暖和舒适让人一生无法忘怀。小时候,父亲在我们眼中无所不能;长大后,望着父亲的背影,却猛然发现,他的头发开始发白,脊背开始弯曲……

该主题意在表现儿女借用父亲节向父亲表达爱意这种情感。通过对餐台的一系列布置,向用餐者传递父爱无言、父爱无边的美好深情。

【设计元素解析】

本次宴会的主题装饰物用 5 个带有创意画的盘饰,以顺时针的方向,向客人展示出父亲不同年龄段的头部肖像,简单而富有深意。肖像部分由服务员用巧克力酱绘制,寓意生活的幸福和甜美;头发采用紫甘蓝为原料,用沙拉酱为辅助,传递父亲由强壮到衰老的人生历程;背景元素采用父子生活的不同画面,传递出父亲不辞辛劳、默默奉献的人生轨迹。

为配合说明主题,设计者用"ipad"作主题阐述牌,父子深情对视,以及玩耍的画面交替播放,并衬以主题的文字说明"父爱年轮,孝行天下",直截了当地阐明主题,也营造浓浓的父爱氛围。

同时,为了更好地营造整个宴会浓浓的父子情,还选取了藤椅、烟斗等典型事物在台中央设计了老父亲日常生活的场景,使整张台面更加生动,浓浓的爱意和情感感人至深。

本张台面的设计在布草的选取上非常巧妙,色调、材质和款式的搭配和谐、美观、浑然一体。绿色的台布像一棵枝繁叶茂、郁郁葱葱的古树,雅致而不失生机;银灰色装饰使整张台面更显大气;白色椅套配上银灰色的装饰,简单而别致。布草的选用与装饰物的配合十分默契,更好地渲染了主题。

设计者对菜单的设计也颇为用心,较深地挖掘了主题的文化内涵。

考虑到本主题以家庭聚会为主的性质,既对菜品的消费金额有所考虑,又顾及不同家庭成员对营养和口味的不同需求,多样化地设计菜品。菜品的名称设计也独具匠心,每道菜品都赋予与父爱和家庭相关的名称,且划分成父爱、父恩、父情、父怀、父心五个篇章,显示出设计者的文化功底。

菜单制作依然采用银灰色的辅助色调,以卷轴形式呈现,内页以白描刻画家庭生活场景,封口为父亲肖像剪影。整个设计温馨、深情,有丰富的人文内涵。

【主题设计意见】

设计者对主题的文化内涵进行深入地挖掘,且巧妙地依托载体来表现这些文化和情感。

　　(三)父亲的爱

主题名称:父亲的爱

选手姓名:张怡

参赛单位:重庆工业职业技术学院

【主题创意说明】

　　如果说:母爱是涓涓小溪,那么父爱就是浩瀚大海。是啊!父亲的爱就像大海一样,宽广而深厚。父亲的爱每一点每一滴都值得我们细细品味。父亲的爱和母亲的爱一样纯净,都是世界上最伟大的爱。冰心说过:"父亲是沉默的,如果你感觉到了那就不是父爱了!"父亲的爱是实实在在的,没有华丽的辞藻,没有亲昵的做作。父亲的爱,是沉甸甸的,不会直接表达,有时倒觉得是惩罚。可父亲在我心中印象最深,时效最长,感受最涩,受益最大。那是一片广阔的海,做儿女的永远在海的环抱下。父亲是对我影响最大的人,他言语不多,但他的行动教我做人要诚实、勤勉,让我懂得只有付出努力才会有所收获,只有诚实、守信,才能做到坦然面对。该作品以此为背景展开设计构思。

　　【设计元素解析】

　　该作品选用的台布、椅套等布草仅使用白色,意指父爱的博大。餐具的主要部分(骨碟和大杯)使用蓝色,蓝色是深邃的色彩,天空和大海这辽阔的景色都呈蔚蓝色。蓝色是永恒的象征,它是最冷的色彩。纯净的蓝色表现出一种美丽、理智、安详与洁净。由于蓝色沉稳的特性,具有理智、准确的意象,在该作品中,用蓝色来表达父爱的坚毅与永恒。

　　【完善主题设计意见】

　　主题表现不够,色彩有些单调。

（四）母爱如歌

主题名称：母爱如歌
选手姓名：李燕
参赛单位：太原旅游职业学院

【主题创意说明】

天地间有一种奔腾不息的力量，叫作爱——它来自母亲。人世间，有一种恩重如山的力量，叫作情——它来自母亲。母爱，伴随你经历人生，放飞人间的龙凤，架起天际的长虹；母爱，不挑儿的长相，不分春、夏、秋、冬；母爱，崇高、伟大，无限忠诚，无论你平和、躁动，无论你失败、成功，母爱无处不在。母爱如歌，温暖是她的独白，关心是她的曲调，无私是她的歌词，辛劳是她的主旋律。"母爱"是一个永恒的主题，是母亲给予我们更多的关怀，让我们对天下的母亲道一声：一生平安。

此宴会的主题是母亲节感恩宴。因此，在整个设计中力求体现出暖暖的母性关怀以及拳拳的反哺之情。浅紫色和白色搭配简洁明亮，又显得柔美、动人，让来宾在浓浓的亲情氛围中品尝美食。母爱如歌的主题，深深地唤起那份沉淀在心灵深处的因烦扰的生活、繁忙的事业所暂时忘却，但是一直积存着的对母亲的拳拳爱意。

【设计元素解析】

台面以浅紫色、白色为主色调，浅紫色为台裙、为基，浅紫色是一个神秘而富贵的女性色彩，对眼睛、耳朵和神经系统都会起一个安抚作用，给人在母爱的呵护下幸福无比的感觉。白色为台布、为面,白色具有洁白、明快、纯真的感受,代表母爱是世界上最纯洁的感情。椅套选择与台裙一致的淡紫色,色彩相得益彰。餐具为纯洁、高档的金属镶边瓷器和华贵的水晶杯,交相辉映,显得温暖而别致。紫色的筷套、金属色的筷子和整个台面和谐一致。口布选择与台裙相同的淡紫色,既与整个台面色彩协调,又增加白色台面的活泼感。口布花型选择扇面,扇子寓意善良、善行,是典型的中国母亲骨子里渗出来的一种温柔,一种吉祥,一种为他人带来平安和幸福。主人位为萌芽的盘花,寓意母亲含辛茹苦把孩子从小养大。

为突出"母爱如歌"这一主题,台面主题装饰物选用一位慈祥的母亲端详地坐在藤椅上,左手环抱一幼童,右手执书,母子正聚精会神地学习的一组工艺品。蕴含几千年来母亲对于孩子望子成龙、望女成凤的殷殷希望,以及深切的爱护之意。紫色、黄色康乃馨的心形插花紧紧围绕在主题工艺品的周围,象征母爱的康乃馨对宴会主题起到锦上添花的作用,紫色康乃馨代表高雅、尊贵,祝母亲健康、长寿;黄色康乃馨代表永恒的母子情谊及儿女的真挚谢意;一株洁白的百合,使主题装饰物错落有致,同时百合花以其宁静、内敛的特点,象征母子之情的纯洁。

（五）花秾柳轻伴君行

主题名称:花秾柳轻伴君行

选手姓名:魏晓妹

参赛单位:长春职业技术学院

【主题创意说明】

该作品以送别为题材进行宴会设计。其创作灵感源于北宋著名词人欧阳修《别滁》中的名句"花光秾烂柳轻明,酌酒花前送我行"。其意为,在鲜花盛开、花色夺目、杨柳轻飘的美景中,众人为我酌酒送行。把送别时的意境,用芬芳的花、嫩绿的柳、醉人的酒来表达,伤感不再是主情调,取而代之的是对亲人的真诚祝福。设计者希望以此来为送别的宾客营造一种优雅的就餐氛围。

【设计元素解析】

为营造"花灿水清,折枝细柳,送君远行"的意境,造景中使用了柳枝、芍药、牛角雕刻的远山、亭榭和小船等元素。芍药和柳枝代表惜别与思乡之情,用橙色的牛角瓜雕刻为背景,营造出热烈的气氛,为送别增添欢快的气氛。

布草的暗纹选用柳叶、鲜花图案,与主题相呼应。主体选择具有光泽的金黄色和亮丽的米白色组合,色系高贵,意味前程似锦,更能表达主请者对宾客方的重视。面料质感爽滑,光泽度较强,以达到突出台面、引人注目的效果。餐巾与桌布同色,上下呼应,保持与台面的协调。餐巾折花设计成船形盘花,寓意"一帆风顺",主人位餐巾折花为"起帆远航"的造型,与"送别"这一主题相呼应,以烘托庄重热烈的气氛。

设计者选择质地上好的乳白色骨瓷餐具,带浮雕花边,略显古朴。桌面上的餐盘、汤碗、味碟、筷架,其材质、颜色、图案完全一致,整体性较强。

选用米白色椅套,背面用手编中国吉祥结和流苏点缀,表达祈求岁岁长春之意,寓意与宴会主题相呼应,风格与餐桌造景相协调,使台面设计向外延伸。

餐单款式设计为古典风格,用与台面黄色调协调的淡雅的米色作封面、封底背景颜色,菜单图案采用国画风格,璀璨明艳的芍药、飘逸翠绿的垂柳,紧扣主题。餐单封底印有欧阳修的《别滁》诗词原文。菜单选用硫黄纸内页,文字用行楷字体书写,古朴而别致。菜品多以吉林优良生态环境中生长的特产为原料,取料鲜活,注重滋补。

(六)相爱如歌之金婚

主题名称:相爱如歌之金婚

选手姓名:周慧子

参赛单位:黑龙江生态工程职业学院

【主题创意说明】

爱情是所有人向往的美好事物,但是在物欲横流的社会,爱情往往掺杂着许多杂质,随之而来的则是不稳定的婚姻。为了表现对纯洁爱情的追求和向往,设计者选择了金婚这一主题。

【设计元素解析】

主色调以金、白两色为主,金色是神圣的颜色,代表富贵,白色象征纯洁的爱情,金、白两色完美搭配,有力地烘托出宴会的主题——"金婚",并且渲染出温馨、祥和的氛围。而黑、金两色的搭配,也衬托出一种满满的、深沉的爱情。

布草以黑色为主色,配以金色花纹的桌裙,用纯白色的布料为台布。

主题装饰物选择两只相互依偎的天鹅。天鹅极具浪漫童话的气质,它们高贵大方、美丽优雅。天鹅一旦结为伴侣,就会终身相伴。多以天鹅象征至死不渝的爱情,选择天鹅为餐桌的点缀,诠释出一路相伴、伉俪情深的金婚主题。

菜品命名是把两个人从相识、相恋、结婚生子到婚后生活的整个过程的再现,具体菜名有:冰山献宝、相识相知、恩恩爱爱、同甘共苦、相濡以沫、与子偕老、全家福、举家同庆、富贵有鱼、白头偕老、儿孙满堂、龙凤安康、珠联璧合、福寿齐全、五子伴千岁、红嘴绿鹦哥。这样的设计更好地把两人共同的经历完美演绎出来,突出强调金婚这一主题。

【完善主题设计意见】

主题装饰品在表达主题方面的力度不够,另外,布草在选取上过于强调寓意,而忽视了色彩的和谐,美感欠佳。

第四节 食品原料类主题宴会设计典型案例分析

食品原料的来源极其广泛,对食品原料进行深入挖掘,将其特色进行多样化的呈现,可以给人耳目一新的感受。如野菜宴、镇江江鲜宴、安吉百笋宴、云南百虫宴、西安饺子宴、海南椰子宴、东莞荔枝宴、漳州柚子宴等。

此类主题可以细分成以下几种主题类型:

(1)以季节性食品原料为主题。

(2)以地域特色性食品为主题。

食品原料类主题的宴会,其选取的食品原料要有地方或季节特色,食品原料的利用价值能够支撑起一桌主题宴会的分量,且要具有一定的文化内涵。如若只是一味盲目跟风,对食品原料的特性和烹制方法研究得不够深入,文化渊源挖掘不彻底,就会导致所设计出来的主题宴空洞无物,单调乏味,缺乏支撑性。

"馕"括四海

主题名称:"馕"括四海
选手姓名:翟丽
参赛单位:新疆职业大学

【主题创意说明】

"馕"字源于波斯语,流行在阿拉伯半岛、土耳其、中亚各国。馕的品种有一百多种。常见的有:肉馕、油馕、窝窝馕、芝麻馕、片馕、希尔曼馕等。维吾尔族原先把馕叫作"艾买克",直到伊斯兰教传入新疆后,才改名叫"馕"。传说当年唐僧取经穿越沙漠戈壁时,身边带的食品便是馕,是馕帮助他走完充满艰辛的旅途。

馕被视为幸福的象征,新疆维吾尔族人走亲访友时也包上一包自家打的馕带到亲戚家里去。维吾尔族人喜欢聚餐,目的不在于吃而在于聚会,席间少不了要载歌载舞一番。由馕带来的奇妙风景,在新疆这片离海最远的土地上快乐地四散流动。该设计者正是以"馕"这种特殊食物来展开对新疆饮食文化的发掘的。

【设计元素解析】

台面整体设计围绕新疆的餐饮文化而展开,突出新疆独具民族特色的饮食,以白色桌布作底衬,象征新疆各族人民的纯洁和善良。

椅套选用新疆独有的艾德莱丝绸作装饰,使整个台面洋溢着新疆独有的民族风情。口布折花采用火炬的式样,以此传递新疆人民的好客之情。

为了凸显民族气息,特别选用带有民族花纹的餐具,既呼应了主题,又丰富了台面的内涵。

主题装饰物直接用馕来装点,直截了当地表达主题。

菜单采用具有浓郁新疆特色的相框为载体来呈现,呼应了主题。在菜品的编排上也能够按照新疆的地域特色食品来进行。

【完善主题设计意见】

主题内涵的表现力稍有欠缺,以"馕"为主题,整个宴会的设计全部围绕"馕"来进行。

第五节　营养养生类主题宴会设计典型案例分析

这是近年来刚刚兴起,却越来越受关注的一种主题宴会形式。其主题源于不同的养生方法或养生文化与饮食业的融合,如健康美食宴、中华药膳宴、长寿宴等。

此类主题大致可细分成以下几种类型:

(1)以某些养生食品为主题。

(2)以特定养生理念为主题。

养生主题的宴会能够吸引消费者的眼球,给设计者带来可观的经济收益。但是,在设计过程中对主题的挖掘要建立在科学性的基础上,对于养生法和食材要有比较权威和科学的把握。除此之外,宴席的布置要与养生的主题相和谐,无论是所用器具的质地、造型与色彩都要与养生的主题相呼应。如《紫气东来养生宴》这个作品,不仅是吉祥如意的象征,而且标志有贵客莅临。整个台面设计是以高贵、典雅的紫色调为主色,象征着紫气,使宾客在入座后便沐浴在深邃的道教文化氛围中,感悟老子道教文化博大精深的同时,还能品味到老子养生系列的美味佳肴。

(一)五色养生宴

主题名称:五色养生宴

奖次:三等奖

选手姓名:史戈冉

参赛单位:天津城市职业学院

【主题创意说明】

几千年前,我们的祖先就已参透顺应自然的健康养生之道——在中医的五行学说中,有一套合理配膳的五色养生饮食理念。天地有"金木水火土"五行,人有"心肝脾肺肾"五脏,五脏配合五行,同时引申出"绿红黄白黑"五色。五色养生依色调饮食:绿色养肝,红色补心,黄色益脾胃,白色润肺,黑色补肾。

现代人亚健康状况凸显,生活节奏加快,在食品安全危机四伏和饮食习惯不断西化的今天,我们需要健康养生的膳食方式,我们呼吁回归自然、顺应自然的生存方式。

【设计元素解析】

"五色养生宴"主题台面设计采用黄、红、黑、绿、白五色元素设计。金色桌旗衬以黑色台布,使台面显得庄重。白色质地,镶以金色花边的红花骨瓷餐具体现台面的高贵。金色的椅套与红、黑、绿、白等色彩元素相搭的花环彰显豪华与现代气息。

台面中心装饰物,看似一棵长满绿色藤枝叶蔓的大树,仿佛撑起一片蓝天;树下环抱着圆形花圃,象征着滋养万物的大地。四只小鸟分享美食,诉说着感恩自然、顺应自然的生存之道,这一切恰当地显示出自然、和谐、平衡的意境。

桌号牌设计独特,其采用透明玻璃容器装满五色食物:红枣、黑豆、黄豆、莲子和麦。人存活天地之间,靠大自然馈赠的五色食物充饥果腹、滋养强身、防病延衰,膳食方式和生存方式理应返璞归真、回归自然,并与自然融为一体。

(二)紫气东来养生宴

主题名称:紫气东来养生宴

奖次:一等奖

选手姓名:刘远远

参赛单位:中州大学

【主题创意说明】

"紫气东来养生宴"不仅是吉祥如意的象征,而且标志有贵客莅临。整个台面设计是以高贵、典雅的紫色为主色调,象征着紫气,使宾客在入座后便沐浴在深邃的道教文化氛围中,一种贵宾君临的感觉油然而生。

【设计元素解析】

台面中心装饰物,是在蕴含道教文化的太极八卦图上,巍峨耸立的函谷关楼、老子骑牛入关景象及名著《道德经》。同时配以兰花,在浓郁的老子文化当中,紫色的马尾草疏密有致,苍劲有力的古藤缠绕着,犹如那蜿蜒幽深的古道,诉说着千古悠悠的名人、名关,名人逸事。在紫气氤氲中,使客人不仅能领略到千古雄关的壮丽风采,更能感悟到老子道教文化超凡的博大精深,同时,还能品味到老子养生系列的美味佳肴。

餐具使用白色骨质瓷,形状简洁但不失大气,围绕在台面的周围,好似苍穹中的云朵,在成熟平稳的气息中,思绪远行。口布、底台布和一套装饰布选用浅紫色,在提亮台面色彩的同时,与主题呼应。菜单则使用奏折的形式来表现,为台面设计增添亮点。

【完善主题设计意见】

宴会主题表现充分,道教文化氛围浓郁。

(三)中华养生宴

主题名称：中华养生宴

选手姓名：徐姝彤

参赛单位：黑龙江生态工程职业学院

【主题创意说明】

中国药膳养生的发展，从古至今，源远流长。春秋战国时期的《黄帝内经》载有：人以五谷为本，天食人以五气，地食人以五味，五谷为养，五果为助，五畜为益，五蔬为充，气味合而服之，以补精益气。唐代名医孙思邈所著的《备急千金方》中设有食治专篇，至此食疗已开始成为专门的学科，在现代人们追求回归自然的今天，倍受青睐。该宴席以能够提高人们的营养膳食意识为目的进行设计。

【设计元素解析】

主题装饰物以瓷葫芦为主体。在民间，葫芦不仅可以治病，还可以去除人身上的晦气。千百年来，葫芦作为一种吉祥物的观赏品一直受到人们的喜爱和珍藏。葫芦中央插放剑兰，剑兰花预示长寿、福禄、康宁，象征健康之意。周围撒上红枣、枸杞子等养生药材，渲染养生的宴会主题。

布草上选用古朴的棕红色，以烘托中华文化的厚重。

同时选用青花瓷餐具，同样可以体现中华文化元素。

餐单上的背景图案是传统的中国山水风景图，以烘托恬淡生活的养生理念。宴席选料多为日常食材，利用食材的合理搭配与合理烹调，掌握不同季节的进补时机，从而巧妙地达到养生的效果。

【完善主题设计意见】

主题表现比较单薄，布草类颜色搭配不够协调。

第六节 节庆及祝愿类主题设计典型案例分析

此类主题来源广泛，特点鲜明，其选取点可以是中西节庆活动，也可以是某种大型的庆典活动，以及对于生活的美好祝愿等。如春节、元宵节、情人节、母亲节、中秋节、圣诞节，以及饭店挂牌、周年店庆等。

此类主题可以细分为以下几种类型：

(1)以中西节日为主题。

(2)以大型庆典活动为主题。

(3)以对生活的美好祝愿或期望为主题。

（4）以对人的祝福为主题。

（5）婚宴类主题。

这类主题的宴会使用较为广范，且具有一定的周期性，可重复利用，其运作过程较易控制。但是，在设计过程中要认真细致，注意各种节庆和庆典活动中特定的标志物、公认的礼仪规制以及操作程序，切忌因为对节日庆典活动的特色和规格认识不足而造成贻笑大方的后果。当然，在把握好主方向的前提下，独特的切入点和创造性的设计是使这类主题大放异彩所不可或缺的重要因素。

一、以中西节日为主题

以节日为主题的宴会立意鲜明，设计点明确。但用节日中所暗含的文化来进行节庆类主题的设计是现代餐饮宴会的流行趋势之一。

（一）草木青青　诗文同行

主题名称：草木青青　诗文同行

选手姓名：黄云霞

参赛单位：四川工程职业技术学院

【主题创意说明】

该宴会主题以清明节踏青为背景，以文会友为依托，借助惠风和畅诗歌爱好者协会的会员们在冰雪消融，草木青青的初春时节回归自然，追寻前人足迹，踏青聚会，品茗人生，欣赏初春美景，咏诗感怀的契机来进行主题宴会的设计。

【设计元素解析】

布草选取墨绿色的底布象征春回大地、雨后的青山，米白色的桌布犹如雨后洁净、明亮的天空,整个桌面低调淡雅。新绿的背椅纱恰似早春雨后随风飘拂的翠柳。

餐巾花型选用高花二叶突出主人位和自创的秀芽烘托整个台面。"明前茶,两片芽",清明踏青时节,茶树新芽抽长正旺,嫩绿的二叶花和秀芽好似新生的新茶生长正旺。

"满街杨柳绿丝烟,雨足郊原草木柔",大地冰雪消融、草木青青,翠柳飘拂,蛰伏了一冬的甘泉也冒出了新的气泡,清泉甘水泡新茶,让整个冬天久居深宅的诗歌爱好者们在郊外聚会饮新茶、品茗人生。

餐具选用深褐色的底、嫩绿色的面,犹如泥土里长出生命的绿色,与桌布的绿色边框相呼应。中心翠绿色的水滴似春雨洒落天地间,一不小心打湿了嫩绿的叶,残留了一滴梦回清明的泪珠,为整个主题增添了一份诗意。

主题装饰物采用湛蓝的天空、碧绿的草地、初春的河水,以及随风飘拂的翠柳,勾勒出一幅美丽的清明早春图画。沐浴着清明这个特殊节日里的春风,草地上悠闲的老翁们正陶醉在初春郊外的美景里,回归自然,有感抒怀,吟诗作画,品茗人生。骑在牛背上的牧童拥抱着大自然,随意地挥洒着对初春的激情。"醉翁之意不在酒,在乎山水之间也。"初春踏青让整冬久居深宅的诗歌爱好者们在郊外感受清明这个特殊时节的内涵。整幅图画,呈现出清明清新万物复苏之美景,体现诗歌爱好者们追求文人墨客那种高雅、静谧生活的情操。

菜单选择米黄色卷轴的呈现形式,与诗歌爱好者们的诗书情节融合在一起,体现他们追求自然、随性和诗画般的静谧生活。菜品选用时令蔬菜,与清明时节(寒食节)各地的民俗饮食习惯相结合,讲究色彩、味型和营养的搭配。

【完善主题设计意见】

整个台面设计符合清明的节日特点和文友会的气质风格,透明的玻璃碗与淡绿色的瓷器不甚协调,选用杯花的造型遮挡了相对较矮的主题装饰物。

(二)欢天喜地新春宴

主题名称:欢天喜地新春宴

选手姓名:戴艳群

参赛单位:重庆工业职业技术学院

【主题创意说明】

该主题设计源于春节期间的两大习俗:拜年和张贴年画。

汉族拜年之风,汉代已有,唐宋之后十分盛行。随着时代的发展和人们生活水平的提高,拜年的习俗也不断增添新的内容和形式,除了沿袭以往的拜年习俗外,拜年已是春节期间家人、朋友团聚交流的重要载体。拜年的场所也从家转移到了酒店。春节期间,在酒店宴请宾客、欢聚一堂也成了现代都市人不可或缺的一项活动。此宴会主题捕捉到了人们的这一需求,设计"新春宴"来契合宴会市场发展的需要。

旧时我国大多数地方过年都有张贴年画的习俗,以增添春节的喜庆气氛,达到祈福消灾的目的,设计者把四川所独有的非物质文化遗产——绵竹年画作为独特的设计要素,融入到"新春宴"主题的设计中,与宴会的桌布、餐布、装饰布、椅套、餐具等宴会饰品和用具相结合,凸显"新春宴"的年味,营造宴会的文化氛围。

【设计元素解析】

布草是设计者请当地绵竹年画艺人特为"新春宴"创作绣制的专属桌布、餐布、装饰布、椅套。材质为丝、棉织品,色调选用中国喜庆的红、黄色,突出了红火、祥和的节日氛围;同时,餐巾也选择光泽感极强的红色,以达到整体的和谐统一和上下呼应;在黄色的椅套和装饰布上绣制各种寓意"福"、"禄"、"喜"、"童子贺岁"、"连年有余"、"吉祥如意"的绵竹年画18副,营造出新春欢乐喜庆的气息。

餐具设计上,选用传统的青花餐具,背景辅以绵竹年画艺人绘制的各种生动的绵竹年画图案,由青花瓷器生产厂家特别烧制而成,既突出餐具的洁净,也展现出中国元素的艺术美感。

宴会中心艺术品,特别制作了古朴、祥和的年画灯,灯上有"欢天喜地"四个大字和童子贺岁的年画,与火红的插花花艺组合,体现出春节期间亲友团聚、同庆佳节、其乐融融的热闹景象。

【完善主题设计意见】

暗红色略显沉重,影响到了整个台面的视觉效果;装饰植物过多,遮挡了年画灯。

二、以对人的祝福为主题

这类主题的来源非常广泛,有祈愿祝福宴、庆功宴、励志宴、生日庆祝宴等。

（一）星星的孩子

主题名称：星星的孩子

选手姓名：邱如霆

参赛单位：重庆工业职业技术学院

【主题创意说明】

该主题是在 2012 年中国儿童慈善活动日的背景下产生的。选手将关注点放在社会中急需要帮助的一个特殊群体——自闭症儿童。这群孩子对外人冷若冰霜，不愿意与人交流，似乎是将自己与世界隔绝一样。在他们美丽的外表下，内心却寒冷犹豫，就像是遥远的星星一样。但他们与正常的孩子一样拥有爱和关怀的权利。选手借用此次宴会，倡导社会用温暖的目光来打开患有自闭症儿童们紧闭的心窗，用爱心融化他们内心深处的坚冰。

【设计元素解析】

自闭症患者对旋转的东西特别感兴趣，甚至喜欢不停地转动自己的身体。为了凸显本次宴会"关爱自闭症儿童"的主题，中心艺术品选择可旋转的鲜花束。它代表自闭症患儿犹如一个翩翩起舞的天使，而盛开的花朵则预示着当患儿敞开心扉时，脸上的笑容犹如绽放的花朵般美丽。艺术品旁边的烛台代表慈善人士的爱心，细小却暖意融融，也希望这美丽的光能照亮、温暖孩子们寂静的心灵。

采用白色装饰底部,代表无边无际、没有世俗喧嚣的宇宙;藏蓝色金丝绒方形台布配以银色亮片绣制的星星,塑造出深邃夜空中繁星点点的美丽场景。

桌旗的使用是亮点,用特殊发亮的材质拼接而成,恰似广袤宇宙中璀璨的银河,使夜空的感觉更加真切。

白色银边的餐巾,呼应整个桌面的色彩,在花形上选择蜡烛和阶梯状的造型,给人以希望,表达对慈善事业逐步发展的祝愿。

瓷器镶有银边,与主题中银色的星星和餐巾相呼应,使餐台的整体感更强。

【完善主题设计意见】

该台面选题独到,思路新颖,像一部童话剧在给我们讲述美丽的童话故事,却又发人深思,耐人寻味。中心装饰物的高度过高,台布的颜色过显凝重,美感稍欠。

(二)商海·翔风鼓浪

主题名称:商海·翔风鼓浪

奖次:二等奖

选手姓名:于洋

参赛单位:青岛酒店管理职业技术学院

【主题创意说明】

在浩瀚的大海上扬帆的航海家们,一次次踏上征程,无论是狂风巨浪,或是暗礁险滩,都不能阻挡他们前行的决心。大海是他们实现理想的舞台,而风浪只不过是旅途中的伴奏。

翔风鼓浪，扬帆远航。越来越多的成功商人将航海文化和开拓精神渗透到企业中。他们抵挡商海中肆虐的风雨，应对涌动的暗流，将寻常人眼中竞争激烈的商场当作施展才华的舞台，他们慧眼独具、儒雅睿智、果敢冷静。

该主题便是将这两种文化和特质和在一起。因为只有拥有如航海家般的意志和智慧，乘风破浪、勇往直前，才能成为"商海"中的佼佼者。

【主题创意说明】

主题装饰物的设计，灵动而大气，主要由灯塔、堤坝、大海和商船构成。其中大海寓意商海，即激烈的竞争环境；鼓帆远航的商船象征商海中拼搏的商界精英；而灯塔和堤坝则为商海精英们指引方向，为他们的奋斗征程保驾护航。

整个造型体现出商船在汹涌的海浪中乘风破浪、勇往直前，寓意成功人士在激烈的商海竞争中展现的坚定信念、拼搏精神和过人智慧。

桌面的色彩以蓝色为主色调，含义有二：其一代表广阔博大的海洋和在海浪中搏击的航海家的勇气和胆识；其二是展现激烈竞争的商海和在商战中拼搏的企业家的胸怀和魄力。尤其是桌布的淡蓝色与主题装饰物的搭配较为和谐。

装饰布采用圆形宝石蓝色缎面质地，台布采用方形海蓝色印花布，意指波光粼粼的浩瀚大海；口布为白色，采用盘花"一帆风顺"的造型，点缀在蓝色的台布上，整体搭配协调。白色的椅套也起到了衬托蓝色主色调的作用。

筷套上的小纽扣，别致独特，显示出设计者的细致入微。

菜单设计呈现复古风格,以牛皮纸为质地,内页纹饰以航海图为底纹,外观以卷轴形式呈现,放置在装饰有缆绳的笔筒形状的菜单架中。

菜品选用青岛当地食材,既保证了口感,又突出了地方特色。菜品的名称也与"商"之道和"海"之大相契合,如"言行信果"、"梯山航海"等。

【完善主题设计意见】

设计者匠心独运,设计细致入微。中心艺术品稍显零散。

(三)生日宴

主题名称:生日宴

奖次:三等奖

选手姓名:唐瑶

参赛单位:湖南环境生物职业技术学院

【主题创意说明】

18岁的生日,是人生中一个重要的里程碑。告别青少年,走向成年,或许每个人的心绪都有点复杂。翻开成长的日记,一切尽收眼底,是父母的爱带我们成长,给予我们勇气,所以,在成人礼的今天,我们应该学会感恩。感恩父母,成人的今天,我要细细走过你的青春,记住你给我的点点滴滴,并真诚地告诉您:"您的年华,我的爱恋。"我们将带着朝气与青春,迎着曙光,继续书写人生的多彩篇章。

生日宴,主题看似普通,却选取与设计者年龄相符的成人礼,视角独特,既表达对美好未来的期许,又展现对父母的感恩之情。

【设计要素解析】

桌中装饰物是一系列工艺品组合营造出的小场景。透过打开的窗户，是一张张充满童年回忆的照片，从呱呱坠地的婴儿，到蹒跚学步的幼童，是父母为我们铺垫着脚下的路。双层新型康乃馨插花制作成生日蛋糕的造型，代表对父母感恩的心。绿色小草地既增添画面的温馨感，又提示我们时刻牢记"谁言寸草心，报得三春晖"的感恩之情。

布草选用淡紫色和白色的主基调，体现出 18 岁的烂漫与理性，有告别童年的伤感与淡淡的忧伤，更有对未来的憧憬和成长的感动。筷套上面的紫色小花清新、雅致。

口布折花选用 5 种不同造型，主人位的生日蜡烛代表对生日的祝福；副主人位的节节高祝福生日者美好远大的前程；主宾的玫瑰代表美好灿烂的花样年华；副主宾的蝴蝶是展翅翱翔的象征；其他宾客位置选用书简造型，预示我们在未来将会不断探索学习。不同的造型，寓意深厚，设计者的用心可见一斑。

白色为底色的餐具，体现青春年华的纯真，蝶形的展示碟，体现展翅飞翔之意，寓意对未来成长道路的美好期望。

菜单选用与整个台面相呼应的紫色。感恩之心的图案作为背景，与桌中插花相呼应，体现感恩的主题。卷轴状的外形，既给台面留出了足够的空间，又添了几丝神秘的色彩。

菜品的搭配既考虑到生日宴的特征，也考虑到季节特点，选取新鲜食材，并着重体现烹饪手法的选择，旨在保证菜品的营养科学。

【完善主题设计意见】

选题视角独特，既符合选手的年龄特征，也引发了人们对于成人阶段的思考。瓷器外形稍大，花纹稍显沉重，相对青春靓丽的成人礼的主题来说搭配不是很协调。

（四）女排饯行宴

主题名称:风雨是墙,你更坚强

奖次:三等奖

选手姓名:蒲云威

参赛单位:新疆职业大学

【主题创意说明】

"中国女排",当这个词组响在耳边的时候,让每一个人想到的是女排姑娘们身上那种顽强拼搏、永不言弃的女排精神。这种精神曾被中国运动员们视为激励自己刻苦奋斗的座右铭。

品味女排精神,女排姑娘们是一群在风雨中勇敢盛开的玫瑰,她们娇艳夺目,坚韧、顽强,并对未来满怀希望。主题设计的目的,不仅歌颂女排精神,更寄托人们希望中国女排能在伦敦奥运会上重夺金牌的美好祝愿,共同期待中国女排为国人创造新的奇迹。

【设计元素解析】

金牌和奖杯是运动员们在运动赛场上奋斗的目标和胜利的象征。台面中央,带有女排形象的金杯,象征中国女排曾经的辉煌历史,也寄托着我们对中国女排征战奥运的美好祝福。奖杯周围盛开着六朵粉红色的百合花,百合花象征胜利、祝福和心想事成,而数字六,则体现人们一帆风顺的祝愿。

桌旗由黄、白、蓝三种颜色构成的桌旗标志着排球,金色的桌裙象征胜利。餐巾为蓝色和黄色,花型为玫瑰花,祝愿中国女排能在伦敦奥运会上美丽绽放。

椅套为白色,椅背套上蓝色的排球服,被作为一种礼物送给宴会上的宾客。餐具上用金色的条纹作为点缀,它象征胜利和成就,借此预祝中国女排在伦敦奥运会上取得圆满成功。

菜单采用相框的形式来表现,将中国女排奋力拼搏的精彩瞬间定格在相框中,既展现女排精神,也激励国人勇敢前进。

【完善主题设计意见】

餐台显得有些凌乱。将球衣直接套在餐椅背上影响了视觉美观和主题宴会的推广性,可以考虑其他的表现形式。

（五）寿比南山宴

主题名称：寿比南山宴
选手姓名：李张建
参赛单位：廊坊燕京职业技术学院

【主题创意说明】
设计者以老人的生日宴为背景,以对生日者的祝福为主题进行宴会设计。

【设计元素解析】
布草方面选用红色的桌裙,突出寿宴的喜庆;采用黄色台布,寓意对寿星的尊重和敬仰。

主题装饰物摆放寿桃形的寿宴蛋糕,象征寿星长命百岁、福如东海、寿比南山。

餐具以乳白色为主,祝福主人健康长寿。玻璃器皿采用镶有金边的玻璃杯,与黄色台布相衬,突出寿星的尊贵。

餐巾折花选用杯花造型,主要有白鹤、开口笑、牡丹、寿桃、仙客来、灵芝六种。主人位是寿星,所以主人位摆放"白鹤",且颜色为黄色,寓意仙鹤祝寿,突出主人的尊贵。"开口笑"的寓意是祝愿寿星开开心心,笑口常开。"牡丹"代表富贵,"寿桃"是生日吉祥之物,"灵芝"自古以来就是长寿的象征,"仙客来",即仙人为寿星翁献寿,恭祝寿星万寿无疆。

【完善主题设计意见】
主题表现较为单薄,杯花的高度遮挡了中心艺术品。

（六）"金榜题名"——学子宴

主题名称："金榜题名"——学子宴

选手姓名：田健

参赛单位：内蒙古商业职业学院

【主题创意说明】

该宴会是围绕"学子宴"这个主题来设计的。"金榜题名"，作为人生四大喜事之一，自古以来就是文人士大夫的最高理想。在现实社会中，经过十余载的寒窗苦读和勤奋学习，每个金榜题名的同学都希望通过一场完美的"学子宴"，与亲朋好友分享自己的喜悦，或借此机会对恩师表达谢意。

【设计元素解析】

整体设计上采用中国传统元素——青花瓷来渲染主题，给人以朴素、淡雅之感。

台裙和椅套选择青白相间的花纹图案，台布选用纯白色布料，将宴会的基调定位为清新、素雅，彰显一种深厚的文化底蕴。

餐具选择青花瓷风格，中间是神情飞扬的龙形图案，象征父母望子成龙的美好寓意。而餐盘四周围绕着青色的海浪，层层的海浪绵延不绝，象征热情奔放、充满活力的学子。

在菜单的设计上，使用一些对学子美好祝愿的菜名来搭配宴会的主题。菜品的名称也与此相适应进行设计。

主题装饰品的设计上，用"文房四宝"来搭配。笔、墨、纸、砚作为"文房四宝"，是中国文人独特的书写绘画工具，在翰墨飘香的传统文化中，"文房四宝"一直与中国士大夫的书斋生涯息息相关。用这样的饰品能够表现出对学子寄予的厚望，抒发孜孜不倦地追求人生理想的情怀。

【完善主题设计意见】

该宴席抓住了当下的消费热点——学子宴，主题创意较好。台面在整体色彩和图案的设计上美感度稍欠，主题装饰物的摆放稍显凌乱。

（七）闯

主题名称:闯

选手姓名:吕浩铭

参赛单位:深圳职业技术学院

【主题创意说明】

闯,是一种精神;闯,是一种人生态度。宴会主题选取代表特区城市精神的一个核心关键词"闯",同时将特区为全国所熟悉的一些观念、思想,比如说"时间就是金钱"等,融入到宴会菜单的设计中。宴会创意视觉独特,主题明确,立意高远,色彩协调,极具个性,符合主题宴会设计的核心元素。

【设计元素解析】

主题的呈现。首先选用暗红织锦桌布,从而奠定温暖、热烈的基调。丝绸质感的淡黄色装饰布与桌布形成了深沉对比,同样的暖色调烘托着就餐的氛围。橙色餐巾的选用,为整个台面带来明快和跳跃的感觉,令人颇有胃口。整个布局的设计突出庆祝宴会欢乐祥和的气氛与胜利凯旋的主调。餐具的选择,别出心裁地选用黑色镀金餐具,视觉上华而不凡,寓意暗含扎赞特区这片创业、创新的热土的含义,整体感觉上为暖色的台面增添了一点厚重感,符合庆祝宴会庄重的大环境。每个餐碟中央都有一个镀金的太阳神图案,寓意对光明、对力量、对新年的执着追求,金色杯脚的水晶玻璃杯在宴会厅的灯光下绽放出夺目的光芒,与餐具非常搭配。

中心艺术品选取代表特区精神的雕塑"闯"——一位肌腱发达的巨人,正用力推开一重大门。其名为《闯》,取自邓小平同志"南方谈话"中对特区经验的高度概括:"集中到一点就是敢闯。"这一雕塑集中体现出特区精神,特区改革开放 31 年之魂,与宴会主题高度吻合。椅套选用淡黄色,与宴会台面相互辉映,彰显宴会的豪华大气。

【完善主题设计意见】

该作品主题选择符合时代主题。餐台用品颜色不够协调,使台面显得有些凌乱。

(八)铿锵玫瑰

主题名称:铿锵玫瑰
奖次:二等奖
选手姓名:高小青
参赛单位:黎明职业大学

【主题创意说明】

谁执彩练当空舞,铿锵玫瑰也柔情。闽商爱拼敢赢的美名已远扬四海,在这片男人唱主调的商海乐章里有着别样的和弦——当代的女企业家们!福建省泉州市目前有3 500多名女企业家,这些女性无论在台上、台下,无论是家庭或事业,无论作为母亲或妻子,她们在努力完成自身角色的同时,也尽力秀出自己的本色。女性创业会面对比男性更多的困难,她们崇尚自立自强,有建功立业的能力;她们崇尚高品质、高标准的生活,有自己的见解;她们崇尚理性,对家庭、对社会都承担着一份责任。她们如同铿锵玫瑰,绽放女性别样的风采!该作品以"铿锵玫瑰"为题,歌颂勇于创业的女企业家。

【设计元素解析】

本作品色调采用撞色处理,整体设计以玫瑰红与黑为主色调,玫瑰色代表女性的温柔,而黑色凸显女企业家的神秘,点缀的银色则提升宴会装饰的亮度,同时增加时尚感。

作品中的菜单、台牌号、筷套、牙签套等文案设有专属主题"LOGO",设计风格与主题融合,相得益彰。其中菜单的载体采用简单、透明的水晶材质,颜色配比符合宾客的阅读习惯;台牌号结合能文能武"刀马旦"的造型,更是喻意女子巾帼精神。

该作品在设计中充分关注节能环保的时代要求,执意要求主要体现在椅套的设计为两层式,红色全套打底,黑色部分仅为椅套,如此搭配,既大气,又能达到"一套"双用的利用率。另外,中心装饰物的选择,避免高耗、高成本,且利用率低取材,采用制作艺术精美的工艺花来代替,符合节能减耗、绿色经营的主旋律。

【完善主题设计意见】

主题表现较为单薄,餐桌颜色过分集中、单一,影响客人的视觉效果。

三、以生活的美好祝愿或期望为主题

生活是多彩而美丽的,对生活的歌颂也流传久远。借用宴席来抒发对生活的热爱,不仅可以引发人的食欲,还可以激发人的情绪,调动人们对生活的热爱。特别是那些蕴含丰富文化内涵的生活类宴席,最能扣人心弦。

（一）一帆风顺

主题名称：一帆风顺
奖次：三等奖
选手姓名：付羽微
参赛单位：辽宁林业职业技术学院

【主题创意说明】

唐代孟郊在《送崔爽之湖南》中写道："定知一日帆，使得千里风"，说的便是帆船在汹涌的海浪中扬帆航行，乘风破浪，奋力实现目标之意。该作品便是以此为背景展开设计。

当"一帆风顺"与博大精深的中国餐饮文化相融合时，便赋予此次宴会更深刻的文化寓意：心想事成，百业兴旺，万事大吉，驶向成功的彼岸等。因此，以"一帆风顺"命名的宴席给客人带来的不仅仅是视觉与味觉上的满足感，更是精神文化上的满足感，具有广泛的实用性，可以用于开业庆典宴会、商务践行宴会，以及各类周年庆典及婚宴等。

【设计元素解析】

作品在台布颜色上特意选择蓝、白两色搭配，蓝色的桌布象征大海，台中的四只帆船于蔚蓝的大海中，在灯塔的指引下前进。木质帆船的造型独特，彰显生命的力量，灵动而不失典雅，唤起人们对童真的回忆，表达人们对大自然的感恩情怀。

为了配合主题，餐巾花为8只小帆船，同台心的4只大帆船交相呼应，也迎合了中国的一句代表大吉大利的成语：四平八稳。

此外，设计者为餐椅特别配备白色镶蓝边，背绣奥运五环标志的椅套，使整席宴会的设计无论从色彩、图案，还是台面装饰方面，不仅做到外形美观，色彩明快，更能把宴会主题诠释得淋漓尽致。

作品所配菜单也极为考究，选择两个竖立在台面上的精美船板作为菜单架，最大限度地映衬"一帆风顺"的主题。

【完善主题设计意见】

餐台用品稍欠精美，影响视觉效果，背绣奥运五环标志的椅套与主题不太契合。

(二)繁华盛世

主题名称：繁华盛世

奖次：三等奖

选手姓名：李梦娟

参赛单位：江西旅游商贸职业学院

【主题创意说明】

牡丹是中国的传统名花之一，享有"国色天香"、"花中之王"的美誉。牡丹，花开盛世，沐浴春晖，姹紫嫣红，她不仅代表国尊繁荣昌盛，家中富贵平安，人喜幸福吉祥的美好祝愿，更象征人民群众对和谐盛世的期盼和追求。设计者希望用繁华盛世的主题宴会来展现江西蓬勃发展的良好势头和对江西美好未来的良好祝愿。

【设计元素解析】

桌中装饰物采用栩栩如生的牡丹花簇，色彩艳丽、大气高贵、娇而不媚，直截了当地表明主题。繁茂的牡丹开满全桌，充分表达出对繁华盛世的美好期盼。

台布与底布选择白色与艳红两种色系，冷暖相映，热闹中不失素雅，大气中更显品位。

餐具上绘有沐浴盛世、阳光绽放的牡丹花彩绘,展现出一派繁荣富强的盛世景象。

餐具、台布、口布圈、筷套、椅套均以盛放的牡丹为主题,互相映衬,凸显风格。

餐单的设计同样用红色牡丹图案,对桌面起到突出的作用。菜品中既有凸显本次主题宴会的高档菜品,也有以倡导健康养生为主的绿色菜品。在对菜品的命名方面,设计者大量运用谐音和隐喻的手法,如龙跃青云呈吉祥(青葱上汤龙黄虾)中的"龙"字的运用。

【完善主题设计意见】

主题表现较为单薄,创新性略为欠缺,装饰图案设计不够精致。

(三)四季平安宴

主题名称:四季平安宴

奖次:二等奖

选手姓名:杨玥

参赛单位:武汉商业服务学院

【主题创意说明】

祈福安康,追求美好生活,一直是人们的向往。花瓶在中国传统装饰中,因"瓶"与"平"谐音而成为驱邪得福的象征。"月季"为四季常开之花。设计者用月季与花瓶的组合来表达"一年四季平平安安"的美好祈愿。

【设计元素解析】

台面中央为圆底细颈青花瓶，表现平安、和顺之意，配以中式插花，彰显浓郁的中国传统气息。瓶中插入的黄色月季花，体现四季平安之意，配以绿色长条形植物，整个花瓶更具生机。

桌布选用蓝色高档提花面料，质感好，且有光泽，桌裙选用暗花灰白面料，洁净、雅致。桌布和桌裙皆印有暗花纹，图案与质感搭配合理，且融于主题风格。

白色印花餐巾，主位为竹笋造型，意为竹报平安。其他花型为帆船，用紫罗兰予以点缀，代表对每位宾客的祝福。

整套餐具紧扣四季平安的主题，与中心饰物在色彩、风格上相契合。餐碟、味碟、口汤碗勺、筷架均为白底蓝花唐山骨质瓷，黑木银头筷具有传统的中国风格，餐具上印有盛开的花朵，象征富贵平安。

菜单秉承新派鄂菜、创意武汉菜的特色，显示出鄂菜新秀的精神风貌。食材为华中地区的原料，采用华中地区的排菜格局，制作方法多样，注重营养搭配。

【完善主题设计意见】

主题创意新颖，青花瓶清新别致，但主题表现较为单薄。

(四)"圆"宴

主题名称："圆"宴

选手姓名：朱珠

参赛单位：青海交通职业技术学院

【主题创意说明】

国和事兴,中华民族大团圆。"在那遥远的地方,有位好姑娘,人们走过她的毡房,都要回头留恋地张望……"一曲婉转高亢的《在那遥远的地方》,使一个地方名传海内外。曾几何时,这个地方始终给人一种遥不可及的感觉,对边疆而言像内地,对内地而言像边疆。她就是西部之"心",中国之"心",这颗心数千年来始终与各民族的文化脉搏息息相通,她是一个多民族的大家园。在河湟谷地,在环湖草原,在三江之源,汇集了汉、藏、回、土、内蒙古、撒拉等民族。他们共同开拓、共同生活、共同发展、创造了绚丽多彩的民族文化,人文和自然交相辉映。

【设计元素解析】

宴席台面中间是用红红的中国红拼成的"圆",预示着团结就是生命,团结就是力量,团结就是希望,团结就是胜利。中华民族生生不息,靠的是各民族的团结友爱。圆周围的金黄色寓意各民族人民在中国共产党的领导下,各民族紧密地凝聚在一起。中国的56个民族同心同德、群策群力,携手并肩,团结奋斗,中华民族焕发出无比磅礴的伟大力量,民族复兴的伟大展现出宽广灿烂的光明前景。

整个台面所用餐具以白色为基调,从骨碟到汤碗、味碟,所有的边沿都以祥云为装饰,寓意"扎西得勒"(译义"吉祥如意")。圆桌上鹅黄色的桌布以其圆连园的图案,寓意富强、富贵,民族繁荣昌盛。桌裙以紫色为基色,是中华民族最喜爱的颜色,寓意祥瑞降临,是上天的造物。口布折花围绕"圆"的主题,分别以三种花型美化餐台,烘托气氛。主位花是红色的民族团结柱,是最耀眼的突出席位安排,"中国红"的柱身和金灿灿的柱顶,诠释民族的团结稳定。副位花是会飞的花朵——蝴蝶,它是幸福、爱情的象征,能给人以鼓励、陶醉和向往。寓意八方来客吉祥美好。次宾花展示的扇面,寓意旭日东升,绽放无限光芒,蒸蒸日上、鹏程万里、兴旺发达的意境。

【完善主题设计意见】

中心装饰物为"圆"字造型,表达方式稍显简单,且为平面设计,缺乏立体感。

(五)家和福寿宴

主题名称：家和福寿宴

选手姓名：李瑞

参赛单位：内蒙古商贸职业学院

【主题创意说明】

百善孝为先，尊敬老人是中华民族五千年文化的传统美德，孝敬老人更是我们义不容辞的责任，父母的爱是伟大的，也是无私的，她沉沁于万物之中，充溢在天地之间。

【设计元素解析】

"天增岁月人增寿，春满乾坤福满门。"大家请看，整个台型以贺寿为主题，以金色、咖啡色为主色调，金色为底，为基，代表雍容华贵；咖啡色为面，给人一种沉稳的感觉。二者强有力的色彩搭配，使人不得不发出"享洪福如东海，逢盛世寿比南山"的感慨。寿星杯花名为：丹鹤迎宾，其余名为寿桃、金鱼、四叶、花之蝴蝶。蝴蝶又因"碟"与"耊"谐音，"耊"指年高寿长，故以"蝴蝶"为图案表示贺寿，加之餐桌中央的贺寿饰物：寿桃、灵芝、仙鹤。

神话中，西王母娘娘做寿，设蟠桃会款待群仙，所以，一般用桃表示贺寿的物品。之所以用桃贺寿，并称为寿桃，这首先得从桃本身说起，作为水果鲜、甜、纤维素含量高、含有维生素 E，这是抗氧化、抗衰老的，果糖具有滋补强身的作用。在菜单设计环节，尤其在菜品选择上，品种符合老年人喜欢软、烂、清、淡的饮食需要，因而搭配素雅、滋补的菜品。从菜肴质地看，大多是烧、烩、蒸、熬、扒、烤等烹调方法制作的菜肴，质地软嫩、酥烂，受到多数老年人的欢迎。菜肴在选料上也充分考虑到滋补的功用，针对老年人中气虚弱、疲倦乏力的实际状况能起到滋补益气、消解湿热、滋阴补血等滋补疗效。

【完善主题设计意见】

该作品以为老人祝寿为题展开设计，台心装饰物为寿桃蛋糕，表达出对客人的良好祝愿，但仅仅使用寿桃蛋糕，表现手法显得过于单一。

四、婚宴类主题

婚宴是宴会设计中永恒的主题。生活中的婚宴是我们最经常接触到的主题宴会，然而，随着人们生活质量和审美水平的提高，对婚宴的设计也提出了更高的要求。婚宴的设计应突破现有的低水平、滥制作、毫无设计感可言的传统思路，以现代人的思维推陈出新，用新意出奇制胜。如，本次大赛中的《"喜"上"梅"梢》便是利用谐音和结语的手法，一语双关，既用人们熟知的俗语表达了喜悦之情，又巧妙地找到了主题的依托载体，设计者的巧妙心思可见一斑。

（一）"喜"上"梅"梢

主题名称："喜"上"梅"梢
奖次：三等奖
选手姓名：李金燕
参赛单位：闽西职业技术学院

【主题创意说明】

灵鹊兆喜，"梅"与"眉"同音，借喜鹊登上梅花枝头，寓意"喜上眉梢"、"喜事临门"。古语云"梅花有四德，初生蕊为元，开花为亨，结子为利，成熟为贞"。意为梅花刚发芽即为万物更新，开花了代表事事亨通，结子了代表处处有利，成熟了代表一生圆满。梅花五瓣，是五福的象征，即"快乐、幸福、顺利、长寿、太平"。

【设计元素解析】

桌中装饰为一株白梅盆景，上辅以喜鹊造型。白梅表达忠贞，灵鹊登梅报喜，仿佛欢唱一对新人海枯石烂的爱情誓言。

台面以烂漫紫色为底，配以高贵银灰色，紫色与银灰色形成艳灰的对比关系，烘托主题，点亮台面。

筷套、牙签套选用紫色银纹图案，与主色调相呼应。

镶银边的瓷器，是为映衬台面的整体颜色，使台面更隆重和大气。

菜单设计仅仅围绕主题进行。封面及封底选用紫色云纹为背景纹样，封底上设计有象征美好爱情的七夕图案，封面上采用图案化连笔字，加上独特的梅花鹊形设计，显露出喜结连理的浪漫之气,象征鹊桥连接美好姻缘,通往幸福大道。

菜品方面多选用地方特色食材,在控制多成本的前提下,注重菜式的色彩和营养搭配。为彰显喜庆主题,菜品名称皆采用喜庆、吉祥的命名方式。

【完善主题设计意见】

该台面最大的亮点便是创意,"梅"与"眉"谐音,寓意人逢喜事,喜上眉梢,突破了传统喜宴的模式。椅套的设计可以考虑与餐台协调。

(二)宝岛婚宴 天缘巧合

主题名称:宝岛婚宴 天缘巧合

奖次:三等奖

选手姓名:陈国琴

参赛单位:海南经贸职业技术学院

【主题创意说明】

明媚的阳光,清澈的海水,洁白的沙滩。海天相交,深情拥吻。如火的爱,瞬间即永恒。别再犹豫,牵起她的手,一起浪迹天涯吧!海南独特的气候和海天相接的自然条件,对婚宴的设计拥有得天独厚的条件。过多的语言和渲染都显得过于苍白,仅那天涯海角的名称恐怕就让无数的善男信女向往了吧?如果再加上独具南国色彩的装点,这样的婚宴设计如何不叫人期待!

【设计元素解析】

桌中装饰物使用一高二低的水晶瓶一线而成,好比爱神丘比特的箭穿心而过。高耸的花瓶中有如火的玫瑰、艳丽的跳舞兰、坚韧的钢草、深沉的绿叶,这一花一草一叶交织成的富贵花开图,表达出对新人的祝福。花瓶下的两支鸡尾酒杯分别插放两枝玫瑰代表新郎和新娘,钢草正好轻轻穿过,寓意二人心手相连。下面的鲜草圈成一个圆,表现对新人的祝福。

火红的桌群和金黄的台布,彰显婚宴的热烈、奔放和雍容、华贵。红色高贵的桌旗更为台面增添了高贵的色彩。

餐碟采用白底碎花相间的装饰,底碟为方形,展示碟为圆形,上圆下方既是天缘又是巧合,即为良缘天定。盘中栩栩如生的蝴蝶,生动而活泼。

金色的汤匙和筷架,带有银边的筷子,配以印有宫廷食府的红色筷套,可谓是鸿运当头,金银满屋。

菜单以金底红边的圣旨状来呈现,表达对新人的无限祝福。菜品与名称搭配合理,吉祥如意的菜品名称是婚宴必不可少的重要环节。

【完善主题设计意见】

本桌台面热烈而奔放,凸显传统喜庆的色彩。主题的表现上还需要创新,对独具宝岛特色婚宴的挖掘和呈现还有很大的研究潜力和提升空间。

(三)天长地久宴

主题名称:天长地久宴

选手姓名:刘美乔

参赛单位:廊坊燕京职业技术学院

【主题创意说明】

大红的喜字,火红的餐椅,洁白的台面,营造出一种喜庆、热闹的氛围。该餐台选取婚宴为背景,借用婚宴中的祝福语——"天长地久"来命名,象征对一对新人的祝福。

【设计元素解析】

布草选用传统婚宴的色调。桌裙选用红色,突出婚宴的喜庆,台布采用白色,象征爱情纯洁,新人永结同心、白头偕老。

主题装饰物选用象征爱情的玫瑰花和带有大红喜字的花瓶,象征新人婚姻幸福美满、爱情甜甜蜜蜜、生活和和美美。

餐具以乳白色为主,寓意新人爱情纯洁,透明的玻璃器皿与白色台布相衬,象征新人未来的生活和谐、爱情天长地久。

餐巾折花以花型为主,包括山茶花、桃花朵朵、相恋花、含情脉脉、并蒂莲花五种,象征新人是由相识、初恋、热恋、订婚、结婚的甜蜜之旅,"含情脉脉"代表订婚,"并蒂莲花"象征结婚。

【完善主题设计意见】

选择婚宴为主题,创新是取胜的关键。该作品设计中规中矩,整个餐台亮点不多,主题装饰物过于简单,菜单设计有点凌乱。

(四)简单爱恋,简爱婚宴

主题名称:简单爱恋,简爱婚宴

选手姓名:田野

参赛单位:吉林电子信息职业技术学院

【主题创意说明】

现代婚礼奢华、烦琐而不朴实,本主题寓意将展示最简单的布置、最简洁的婚宴,展示普通民众的传统婚礼习俗的淳朴、欢乐、喜庆,添加一点点的奢华装饰,其表现在菜肴的设计中,体现出小康社会人民生活的幸福、美满、满足的生活,突出简单幸福的主题,表达古往今来新人对幸福、美满婚姻的一种神圣向往。

【设计元素解析】

在整张主题设计台面的各个细节完善后,主题说明这个画龙点睛的环节不容忽视,以简洁的构思、口布及桌布等的颜色表面衬托主题的含义,以简单明了的设计突出主题的中心含义,以微妙的摆设体现整体的效果,自然是主题说明的点睛之处。然而关键还在于文字的组织是否能涵盖并突出设计理念和主题构思。该作品以新婚为主题,在台布和口布方面选择大红色,热烈的红渲染对新婚的祝福。台心装饰物则使用玫瑰,为婚宴营造温馨、浪漫的氛围。

【完善主题设计意见】

该作品台布、口布等用品选择红色,表达热烈气氛的同时,也使台面色彩显得单调。另外,台面中心装饰物的设计也过于简单。

第七节 公务商务类主题宴会设计典型案例分析

这类主题源于社会生活中所发生的公务性重大事件,设计者通过对这种主题的设计或者希望表达对事件的关注,或者希望达到事件营销的目的。如奥运宴、答谢宴、迎宾宴等。

此类主题可以细分成以下几种类型:

(1)以某种重大事件为主题。

(2)以商务宴请为主题。

（一）和谐发展迎宾宴

主题名称：和谐发展迎宾宴

选手姓名：卢亮珍

参赛单位：柳州城市职业学院

【主题创意说明】

　　该主题以在南宁举行的中国—东盟博览会为背景。和谐，是当今国际上普遍认同的发展目标，和谐发展是中国—东盟走向繁荣的必由之路。宴席以莲花为主要设计元素，用白、绿的主色调来寓意参加博览会的国家之间的纯洁友谊，以桂菜为宴会的主要菜品，旨在构建一台具有浓郁地方色彩、面向东盟各国来宾的和谐发展迎宾宴，向来宾展示南宁的好客之情和浓郁的地方文化。

【设计元素解析】

　　主题装饰物以一盆栩栩如生的莲花来作装点。莲花又称"荷花"，是一种实用价值很高的植物，莲叶、莲子、莲心、莲蓬、莲梗、莲藕等都富含维生素 C、蛋白质、荷叶碱等养分，对人体有特殊的功效，以降血脂、降低胆固醇、降火气、清心、止血、去湿气、散瘀等功效尤其突出。"荷"与"和"、"合"谐音，"莲"与"联"、"连"谐音。因此，在中华传统文化中，莲花是友谊的象征和使者。

　　出淤泥而不染的荷花是佛教元素，而佛教在东盟国家拥有众多的信仰者，因此，莲花与东盟十国有密切的联系，泰国、越南更是分别以睡莲和金莲为国花。佛教问世后，莲随着佛教流传到亚洲的每个角落。在缅甸的蒲日古城，泰国的素可泰市和柬埔寨的吴哥窟等地的大庙里,在斯里兰卡的钟形塔里,在印度尼西亚巴厘岛的葬蓝上和中国西藏的符箓上,都可以看到莲的图画。

中国东盟博览会永久举办地——南宁,素有绿城的美誉。绿色代表南宁,意指南宁作为东道主,热情欢迎来自东盟各国的嘉宾。设计者以莲花为中心,以绿白两色为主色调,即将与会各国联系在一起,表达合作之意,又彰显南宁的地方特色。

布草以白色为主,在桌裙及椅背处用绿色纱幔点缀,以烘托出主色调。

餐具选用淡绿色的瓷器,既清新,又淡雅。

【完善主题设计意见】

宴席中台面和椅背纱幔的设计过于凌乱,装饰的小花朵过大,显得有点突兀。

3

第三部分

"2012年全国职业院校技能大赛"高职组中餐主题宴会设计赛项规程、评分细则

"2012 年全国职业院校技能大赛"高职组中餐主题宴会设计赛项规程

一、竞赛名称

中餐主题宴会设计

二、竞赛目的

本项竞赛旨在检验参赛选手的设计创新能力及专业操作能力,展示参赛队员在产品创新、现场问题的分析与处理、卫生安全操作等方面的职业素养。引导高职院校关注行业的发展趋势,促进高职教育紧贴产业需求,培养企业急需的高技能人才,促进专业教育教学改革,展示高职院校的专业建设成果,加快工学结合人才培养模式改革和创新的步伐,培养酒店管理(旅游管理)专业高素质技能型人才。

三、竞赛的内容与方式

(一)竞赛方式

竞赛采取个人比赛方式,各参赛选手独立完成所有比赛项目。由各省先进行选拔推荐,各省代表队选送 3 名优秀选手参加全国总决赛,可配 1 名领队,1 名指导教师。

1. 理论知识测试于现场比赛前统一进行。

2. 现场专业技能比赛按最终展示的作品进行评判,包括:

(1)主题创意展示;

(2)中餐宴会摆台标准与规范展示;

(3)斟酒标准与服务规范展示;

(4)餐巾折花操作规范与造型展示;

(5)提交主题设计及菜单设计说明书;

(6)编写现场互评报告书。

3. 英语口语测试于现场比赛后按比赛顺序依次进行。

（二）竞赛内容

竞赛内容以中餐主题宴会设计为主线，涵盖台面创意设计、菜单设计、餐巾折花、中餐宴会摆台、斟酒、英语口语、专业理论、现场分析等内容。

比赛分理论知识测试、现场专业技能比赛、英语口语测试三大部分。

1. 理论知识测试

主要考察选手的专业理论基础知识及综合分析能力。试题全部为客观题，题型为判断题（50%）、单项选择题（30%）、多项选择题（20%）。命题以国家职业标准高级工以上知识及一线初级管理人员最常见情况为基础。

2. 现场专业技能比赛

（1）仪容仪表：主要考察选手的仪容仪表是否符合旅游行业的基本要求及岗位要求，现场比赛时由裁判员进行检查。

（2）现场操作：包括主题设计中心艺术品的现场制作、中餐宴会摆台、餐巾折花、斟酒，主题设计思想解析及菜单分析。主要考察选手操作的熟练性、规范性、美观性、实用性，以及选手对中餐饮食文化的理解和对成本控制等酒店管理专业知识的掌握。

（3）现场互评：参赛选手现场操作结束后，需通过抽签评价另外一名参赛选手的主题创意及菜单设计，并提交分析报告，阐述该另外一名参赛选手的主题特色、菜单设计的优点与不足，进行中餐宴会主题创意全面剖析。该环节可以很好地考察选手对专业知识的掌握，以及创新能力、应变能力等。

3. 英语口语测试

主要考察选手的英语口语表达能力及专业英语水平。每位选手须回答五道题，其中中译英、英译中各两道，情景对话一道。

（三）竞赛时限

1. 理论知识测试：60 分钟。

2. 现场专业技能比赛：仪表仪容检查时间由裁判员控制；现场操作与现场互评共 120 分钟，其中抽签时间从中扣除。

3. 英语口语测试：不超过 5 分钟。

四、竞赛规则

1. 各参赛选手参赛顺序于报名结束后由组委会组织进行抽签，抽签过程全部视频播出。

2. 专业理论测试由专家组统一命题，赛项组委会根据抽签顺序安排考场，参赛选手于现场比赛前同时进行测试。

3. 现场比赛餐具布草由各参赛选手根据主题创意自行准备使用，家具、酒水及标准规格备用餐酒具由赛会统一提供。

4. 各参赛选手中餐宴会主题设计中心艺术品须由选手现场制作完成。

5. 参赛选手按规定时间到达指定地点,凭参赛证、学生证和身份证(三证必须齐全)进入赛场,同时将参赛的设施和设备带入场地。选手迟到 20 分钟将被取消比赛资格。

6. 各队领队和指导教师,以及非允许工作人员不得进入比赛场地。

7. 新闻媒体等进入赛场,必须经执委会允许,由专人陪同且听从现场工作人员的安排和管理,不能影响比赛进行。

8. 参赛选手不得携带通信工具和其他未经允许的资料、物品进入比赛场地,不得中途退场。如出现较严重的违规、违纪、舞弊等现象,经裁判组裁定取消比赛成绩。

9. 参赛选手检录时提交主题设计及菜单设计说明书,进入赛场后接受仪容仪表检查。现场比赛准备时间 5 分钟,确认现场条件无误后举手示意,听到统一指令后开始比赛。

10. 现场互评环节的评价对象在现场操作结束后通过现场抽签决定。

11. 比赛过程中,参赛选手须严格遵守操作标准和规范,保证自身安全,并接受裁判员的监督和警示;若因设备故障导致选手中断或终止比赛,由大赛裁判长视具体情况作出裁决。

12. 为避免影响其他选手比赛,现场操作部分的比赛不允许播放背景音乐。

13. 若参赛选手欲提前结束比赛,应向裁判员举手示意,比赛终止时间由裁判员记录,参赛选手结束比赛后不得再进行任何操作。

14. 现场比赛结束,经裁判员确认后方可离开赛场。

15. 参赛选手在技能比赛结束后按参赛顺序进入英语口试现场。选手比赛期间,后两位选手可入场抽取试题做准备,其余选手须在场外等候。

五、竞赛场地与设施

根据中餐主题宴会设计的赛项日程安排,比赛在 1500 平方米的空间共设 32 个比赛区,每组比赛使用 16 个比赛区。每个比赛区的面积为 25～30 平方米,比赛设备包括中餐宴会标准十人圆台、餐椅、工作台;现场合理地设置人流、物流通道;保证良好的采光、照明和通风,必要时设置抽风装置;提供稳定的水、电供应和供电应急设备。

赛会提供设施如下:

(一)赛会统一提供物品:

1. 中餐宴会标准十人餐台(高度为 75 厘米,直径 180 厘米)

2. 餐椅

3. 工作台(备消毒巾)

4. 比赛用酒水(水扎,红葡萄酒)

（二）赛会提供备用餐酒具：

1. 防滑托盘（直径35厘米）
2. 台布（淡黄色，边长2.2米的正方形桌布）
3. 桌裙或装饰布（墨绿色，直径3.2米）
4. 餐巾（白色，50厘米×50厘米）
5. 餐碟（白色，7寸）
6. 味碟、汤勺、口汤碗、长柄勺、筷子、筷架、牙签
7. 水杯、葡萄酒杯、白酒杯
8. 桌号牌（1个）
9. 公用餐具（2套）

六、评分方式与奖项设定

（一）评分方式

比赛总成绩满分100分，其中理论知识测试15%，仪容仪表5%，现场操作50%，现场互评15%，外语水平测试15%。具体评分方法如下：

1. 理论知识采取统一测试，集中阅卷方式。

2. 现场比赛裁判员由七人组成，其中测量裁判员两人、评判裁判员五人。测量裁判员负责按照中餐宴会摆台、斟酒标准进行测量，并共同打分。评判裁判员负责参赛选手的仪容仪表检查，比赛过程中操作规范检查、中餐主题创意、菜单设计评判及现场互评环节的评判。

3. 现场评判得分由两部分组成，即测量裁判员给出的操作标准分和评判裁判员给出的综合评价分。其中操作标准分按要求给出统一的分数。综合评价得分计算办法：去掉五个裁判员中的一个最高分和一个最低分，算出每位选手的该项平均分，小数点后保留两位。

4. 外语水平测试裁判员由三人组成，得分计算办法为：直接算出每位选手的平均分，小数点后保留两位。

5. 裁判员对每位选手评分将于现场公布，如有异议，请直接向大赛仲裁工作组申请复核。

（二）奖项设定

竞赛设参赛选手个人奖，一等奖占比10%，二等奖占比20%，三等奖占比30%。获得一等奖的个人赛参赛选手的指导教师由组委会颁发优秀指导教师证书。

七、申诉与仲裁

（一）申诉

1. 参赛队对不符合竞赛规定的设备、工具、软件，有失公正的评判、奖励，以及对工作人员的违规行为等，均可提出申诉。

2. 申诉应在竞赛结束后2小时内提出，超过时效将不予受理。申诉时，应按照规定的程序由参赛队领队向相应赛项仲裁工作组递交书面申诉报告。报告应对申诉事件的现象、发生的时间、涉及的人员、申诉依据与理由等进行充分、实事求是的叙述。事实依据不充分、仅凭主观臆断的申诉将不予受理。申诉报告须有申诉的参赛选手、领队签名。

3. 赛项仲裁工作组收到申诉报告后，应根据申诉事由进行审查，6小时内书面通知申诉方，告知申诉处理结果。如受理申诉，要通知申诉方举办听证会的时间和地点；如不予受理申诉，要说明理由。

4. 申诉人不得无故拒不接受处理结果，不允许采取过激行为刁难、攻击工作人员。否则，被视为放弃申诉。申诉人不满意赛项仲裁工作组的处理结果的，可向大赛赛区仲裁委员会提出复议申请。

（二）仲裁

大赛采用两级仲裁机制。赛项设仲裁工作组；赛区设仲裁委员会。赛项仲裁工作组接受由代表队领队提出的对裁判结果的申诉。大赛执委会办公室选派人员参加赛区仲裁委员会工作。赛项仲裁工作组在接到申诉后的2小时内组织复议，并及时反馈复议结果。申诉方对复议结果仍有异议，可由省（市）领队向赛区仲裁委员会提出申诉。赛区仲裁委员会的仲裁结果为最终结果。

"2012 年全国职业院校技能大赛"高职组 中餐主题宴会设计赛项评分细则

根据《教育部关于颁布"2012 年全国职业院校技能大赛"高职组赛事通知》（教高司函[2012]号）文件关于"中餐主题宴会设计"项目竞赛规程、技术文件和选手须知的有关要求，本着"公正、公开、公平"的竞赛原则，为保证此赛项顺利进行，特制定本细则。

一、评分方法

比赛总成绩满分 100 分，其中理论知识测试 15%，仪容仪表 5%，现场操作 50%，现场互评 15%，英语水平测试 15%。具体评分方法如下：

（一）理论知识采取统一测试，集中阅卷方式。

（二）现场比赛裁判员由七人组成，其中测量裁判员两人、评判裁判员五人。测量裁判员负责按照中餐宴会摆台、斟酒标准进行测量，并共同打分。评判裁判员负责参赛选手仪容仪表检查，比赛过程中操作规范检查、中餐主题创意、菜单设计评判及现场互评环节的评判。

（三）现场评判得分由两部分组成，即测量裁判员给出的操作标准分和评判裁判员给出的综合评价分。其中操作标准分按要求给出统一的分数。综合评价得分计算办法：去掉五个裁判员中的一个最高分和一个最低分，算出每位选手的该项平均分，小数点后保留两位。

（四）外语水平测试裁判员由三人组成，得分计算办法为：直接算出每位选手的平均分，小数点后保留两位。

（五）裁判员对每位选手评分将于现场公布，如有异议，请直接向大赛仲裁工作组申请复核。

二、竞赛规则及评分标准

竞赛内容以中餐主题宴会设计为主线，涵盖台面创意设计、菜单设计、餐巾折花、中餐宴会摆台、斟酒、英语口语、专业理论、现场分析等内容。比赛分理论知识测试、现场专业技能比赛、英语口语测试三大部分。

（一）理论知识测试

主要考察选手的专业理论基础知识及综合分析能力。试题全部为客观题,题型为判断题（50%）、单项选择题（30%）、多项选择题（20%）。命题以国家职业标准高级工以上专业知识及一线初级管理人员岗位要求为基础。

（二）现场专业技能

1. 仪容仪表

主要考察选手的仪容仪表是否符合旅游行业的基本要求及岗位要求,占总分值的5%。

"仪容仪表"评分标准

项　　目	细节要求	分值	扣分	得分
头发 （1.5）	男士			
	1.后不及领	0.5		
	2.侧不盖耳	0.5		
	3.干净、整齐,着色自然,发型美观大方	0.5		
	女士			
	1.后不过肩	0.5		
	2.前不盖眼	0.5		
	3.干净、整齐,着色自然,发型美观大方	0.5		
面部 （0.5分）	男士:不留胡须及长鬓角	0.5		
	女士:淡妆	0.5		
手及指甲 （0.5分）	1.干净	0.2		
	2.指甲修剪整齐	0.2		
	3.不涂有色指甲油	0.1		
服装 （1分）	1.符合岗位要求,整齐干净	0.5		
	2.无破损、无丢扣	0.25		
	3.熨烫挺括	0.25		
鞋（0.25分）	符合岗位要求的黑颜色皮鞋;干净,擦拭光亮、无破损	0.25		
袜子（0.25分）	男深色、女浅色干净;无褶皱、无破损	0.25		
首饰及徽章 （0.5分）	1.不佩戴过于醒目的饰物	0.25		
	2.选手号牌佩戴规范	0.25		
总体印象 （0.5分）	1.举止:大方,自然,优雅	0.25		
	2.礼貌:注重礼节礼貌,面带微笑	0.25		
合　计		5		

2. 现场操作

现场操作包括主题设计中心艺术品的现场制作、中餐宴会摆台、餐巾折花、斟酒、主题设计思想解析及菜单分析。主要考察选手操作的熟练性、规范性、美观性、实用性,以及选手对中餐饮食文化的理解和对成本控制等酒店管理专业知识的掌握。该项占总分值的50%。

比赛要求:

(1)按中餐正式宴会摆台(10人位),参赛选手利用自身条件,创新台面设计。

(2)操作时间50分钟(到50分钟时停止操作,提前完成不加分)

(3)选手必须佩戴参赛证提前进入比赛场地,裁判员统一口令"开始"进行准备,时间3分钟。准备就绪后,举手示意。

(4)选手在裁判员宣布"比赛开始"后开始操作。

(5)比赛开始时,选手站在主人位后侧。比赛中所有操作必须按顺时针方向进行。

(6)所有操作结束后,选手应回到工作台前,举手示意"比赛完毕"。

(7)除台布、桌裙或装饰布、花瓶(花篮或其他装饰物)和主题名称牌可徒手操作外,其他物品均须使用托盘操作。

(8)餐巾准备无任何折痕;餐巾折花花型不限,但须突出主位花型,整体挺括、和谐,符合台面设计主题。

(9)餐巾折花和摆台先后顺序不限。

(10)斟酒时采用托盘斟酒的方式(须将所有需斟倒的酒水,一次置于托盘中)。

(11)比赛中允许使用装饰盘垫。

(12)选手须准备3份菜单,其中2份摆台时使用,1份放在工作台现场互评时使用。

(13)组委会统一提供餐桌转盘(直径1米、玻璃材质),比赛时是否使用由参赛选手自定。如需使用转盘,须在抽签之后说明。

(14)比赛评分标准中的项目顺序并不是规定的操作顺序,选手可以自行选择完成各个比赛项目,但斟酒必须在餐椅定位之后进行。

(15)主题设计中心艺术品须现场制作,如使用成品或半成品,酌情扣分。

(16)物品落地每件扣3分,物品碰倒每件扣2分;物品遗漏每件扣1分;逆时针操作扣1分/次。

(17)选手须提前准备中餐主题宴会设计的主题创意书面说明稿(包括选手参赛号、主题名称、主题内涵等,字数不少于1000字),说明稿提前打印好10份,并在检录时统一上交。

比赛物品准备

(1)组委会提供物品:餐台(高度为75厘米)、圆桌面(直径180厘米)、餐椅(10把)、工作台。

(2)选手自备物品:

防滑托盘(2 个,含装饰盘垫或防滑盘垫)

规格台布

桌裙或装饰布

餐巾(10 块)

花瓶、花篮或其他装饰物(1 组)

餐碟、味碟、汤勺、口汤碗、长柄勺、筷子、筷架(各 10 套)

水杯、葡萄酒杯、白酒杯(各 10 个)

牙签(10 套)

菜单(3 个)

主题名称(1 个)

中餐主题宴会设计评分标准

摆台标准(共 50 分)					
项 目	操作程序及标准	分值	扣分	得分	
台布 (2 分)	台布定位准确,十字居中,凸缝朝向主、副主人位	1			
	下垂均等,台面平整	1			
桌裙或装饰布 (2 分)	桌裙长短合适,围折平整或装饰布平整	1			
	四周下垂均等	1			
餐椅定位 (5 分)	从主宾位开始拉椅定位	1			
	座位中心与餐碟中心对齐	1			
	餐椅之间距离均等	1			
	餐椅座面边缘距台布下垂部分 1.5 厘米	2			
餐碟定位 (5 分)	餐碟定位、标志对正	1			
	碟间距离均等,相对餐碟与餐桌中心点三点一线	1			
	距桌沿 1.5 厘米	2			
	拿碟手法正确(手拿餐碟边缘部分)、卫生	1			
味碟、汤碗、汤勺 (4 分)	味碟位于餐碟正上方,相距 1 厘米	1			
	汤碗摆放在味碟左侧 1 厘米处	1			
	汤碗、味碟的中心点在一条水平直线上	1			
	汤勺放置于汤碗中,勺把朝左,与餐碟平行	1			

摆台标准(共50分)					
项　目	操作程序及标准	分值	扣分	得分
筷架、筷子、长柄勺、牙签 (6分)	筷架摆在餐碟右边,位于筷子上部三分之一处	1		
	筷子、长柄勺搁摆在筷架上,长柄勺距餐碟3厘米	2		
	筷尾距餐桌沿1.5厘米	1		
	筷套正面朝上	1		
	牙签位于长柄勺和筷子之间,牙签套正面朝上,底部与长柄勺齐平	1		
葡萄酒杯、白酒杯、水杯 (7分)	葡萄酒杯在味碟正上方2厘米	2		
	白酒杯摆在葡萄酒杯的右侧,水杯位于葡萄酒杯左侧,杯肚间隔1厘米	2		
	三杯成斜直线,与水平线呈30°角。如果折的是杯花,水杯待餐巾花折好后一起摆上桌	2		
	摆杯手法正确(手拿杯柄或中下部)、卫生	1		
餐巾折花 (5分)	花型突出主位,符合主题、整体协调	2		
	折叠手法正确、卫生、一次性成形、花型逼真、美观大方	3		
菜单、主题名称牌 (2分)	菜单摆放在筷子架右侧,位置一致(两个菜单则分别摆放在正、副主人的筷子架右侧)	1		
	主题名称牌摆放在花瓶(花篮或其他装饰物)正前方、面对副主人位	1		
酒水斟倒 (8分)	从主宾位开始,顺时针为邻近的五位客人斟倒酒水	1		
	端托斟酒姿势规范	1		
	斟倒酒水时,酒标朝向客人,在客人右侧服务	1		
	斟倒酒水的量:白酒八分满;红葡萄酒五分满	5		
	斟倒酒水时每滴一滴扣1分,每溢一滩扣3分(本项扣分最多8分)			
操作规范 (4分)	操作过程中动作规范、娴熟、敏捷、声轻	2		
	操作过程中注意卫生,姿态优美	2		

主题设计(共50分)					
项　目	操作程序及标准	分值	扣分	得分	
主题创意 (16分)	台面设计主题明确,创意新颖独特,具有时代感	3			
	主题设计外形美观,能紧密围绕主题	3			
	主题设计规格与餐桌比例恰当,不影响就餐客人餐中交流	2			
	主题设计具有可推广性	3			
	现场制作中心艺术品	5			
台面布草 (6分)	布草(含台布、餐巾、椅套等)的质地选择符合酒店经营实际	3			
	布草色彩、图案与主题相呼应	3			
菜单设计 (10分)	菜单设计的各要素(如颜色、背景图案、字体、字号等)合理,与主题一致	3			
	菜品设计(菜品搭配、数量及名称)合理,与主题一致	3			
	菜品设计能充分考虑成本等因素,符合酒店经营实际	2			
	菜单整体设计与餐台主题相统一,外形有一定艺术性	2			
台面用品 (6分)	完好、干净、无破损	2			
	颜色、规格统一	2			
	整体美观,具有强烈艺术美感	2			
服装 (6分)	选手服装及装饰符合酒店工作要求,便于使用	3			
	服装设计与主题呼应	3			
操作规范 (6分)	操作过程符合卫生要求	3			
	操作简洁,有效	3			
合　计		100			
物品落地、物品碰倒、物品遗漏　　件　　　　　　　扣分:　　分					
操作时间:50分钟(到50分钟停止操作,提前完成不加分)					
实　际　得　分					

3.现场互评评分标准

参赛选手现场操作结束后,需通过抽签评价另外一名参赛选手的主题创意及菜单设计,并提交分析报告,阐述该另外一名参赛选手的主题特色、菜单设计的优点与不足,对中餐宴会主题创意进行全面剖析。主要考察选手对专业知识的掌握以及创新能力、应变能力等。现场允许参赛选手通过电脑(赛会统一准备)上网查阅资料,选手根据比赛的要求整合资料,不可大篇幅摘抄原文。该项占总分值的 15%。

项　目	内容及标准	分值	扣分	得分
对主题创意的认识 (20分)	对主题创意把握准确	5		
	对主题创意设计分析	5		
	对主题创意的改进意见	5		
	对主题创意的总体评价	5		
对主题设计的评价 (35分)	对主题本身各要素的评价准确、恰当	12		
	对餐具方面的评价准确、恰当	6		
	对布草使用的评价准确、恰当	6		
	对选手工装、饰品的评价准确、恰当	6		
	其他方面的评价准确、恰当	5		
对菜单设计提出的 意见和建议 (25分)	从设计原则出发,菜单的各要素(例如颜色、背景图案、字体、字号等)设计合理	10		
	对菜品设计(菜品搭配、数量及名称)的分析准确到位	10		
	菜单整体设计与主题风格相一致	5		
书面文字表述 (20分)	表述规范,能体现从业者的素质和理论水平	8		
	文字简练、清晰、准确,有较强的逻辑性	8		
	字数要求不少于400字,不足的酌情扣分	4		
合计		100		
操作时间:60分钟(到60分钟停止操作,提前完成不加分)				
实际得分				

(三)英语口语测试

主要考察选手的英语口语表达能力及专业英语水平。每位选手需回答五道题,其中中译英、英译中各两道,情景对话一道,英语口语测试参考题占考核题目的 80%,考试时间约为 5 分钟。该项占总分值的 15%。

1.评分标准

准确性:选手语音、语调及所使用语法和词汇的准确性。

熟练性:选手掌握岗位英语的熟练程度。

灵活性:选手应对不同情景和话题的能力。

2. 评分说明

12～15 分：语法正确，词汇丰富，语音、语调标准，熟练、流利地掌握岗位英语，对不同语境有较强的反应能力，有较强的英语交流能力。

9～11 分：语法与词汇基本正确，语音、语调尚可，允许有个别母语口音，较熟悉岗位英语，对不同语境有一定的适应能力，有一定的英语交流能力。

6～8 分：语法与词汇有一定错误，发音有缺陷，但不严重影响交际。对岗位英语有一定的了解，对不同语境的应变能力较差。

5 分以下：语法与词汇有较多错误，停顿较多，严重影响交际。岗位英语掌握不佳，不能适应语境的变化。

英语口语测试评分标准

项　目	评　分　细　则	得　分
中译英 （4分）	发音准确，语调标准、纯正。（2分）	
	语法、词汇使用准确，意思表达无偏差、无漏译。（2分）	
英译中 （4分）	能准确理解题意，反应敏捷。（2分）	
	意思表达无偏差，无漏译。（2分）	
情景对话 （7分）	反应敏捷，能准确理解题意。（2分）	
	发音准确，语调标准。（2分）	
	自然、流畅表达思想与观点，表述逻辑性强。（3分）	
总　分		

责任编辑:郭珍宏

图书在版编目(CIP)数据

餐饮奇葩 未来之星:教育部高职中餐主题宴会摆台
优秀成果选集:2012 / 全国旅游职业教育教学指导委员会
主编. —— 北京:旅游教育出版社,2013.5
ISBN 978 - 7 - 5637 - 2576 - 2

Ⅰ. ①餐… Ⅱ. ①全… Ⅲ. ①宴会—设计—高等职业
教育—教材 Ⅳ. ①TS972.32

中国版本图书馆 CIP 数据核字(2013)第 059109 号

餐饮奇葩 未来之星

——教育部高职中餐主题宴会摆台优秀成果选集2012

全国旅游职业教育教学指导委员会 主编

出 版 单 位	旅游教育出版社
地 址	北京市朝阳区定福庄南里 1 号
邮 编	100024
发 行 电 话	(010)65778403 65728372 65767462(传真)
本 社 网 址	www.tepcb.com
E - mail	tepfx@ 163.com
印 刷 单 位	北京中科印刷有限公司
经 销 单 位	新华书店
开 本	787mm × 1092mm 1/16
印 张	10
字 数	171 千字
版 次	2013 年 5 月第 1 版
印 次	2013 年 5 月第 1 次印刷
定 价	38.00 元

(图书如有装订差错请与发行部联系)